A word cloud of author names including: Roth, Proust, Schlegel, Schmitthenner, Schopenhauer, Scheffel, Rabelais, Wolff, Bebel, Verne, Zola, Gänghofer, Machiavelli, Hugo, Barlach, Chesterton, Mendelssohn, Vergil, Vulpius, Mozart, Doyle, Turgenjev, Yeats, Kleist, Saint-Pierre, Salomon, Andreas-Salomé, Marx, Luther, Saavedra, Nietzsche, Fouqué, Storm, Campe, Baudelaire, Barbusse, Richter, Beringer, Pestalozzi, Mérimée, Heine, Alarcon, Aristoteles, Spindler, Engels, Spyri, Lespinasse, Dante, Jansen, Defoe, Przybyszewski, Pückler, Zschokke, Mörike, Gogol, Droste-Hülshoff, Reymont, Yorke, Chateaubriand, Kafka, Boccaccio, Hofmannsthal, Twain, Herder, Wallace, Fontane, Kant, Diderot, Grillparzer, Tucholsky, Reuter, Salgari, Rousseau, Moltke, Gorki, Roseggér, Kierkegaard, Voltaire, Albrecht, Smidt, Melville, Puschkin, Shakespeare, Humboldt, Hölderlin, Dickens, Swift, Lons, Baudissin, Schelling, Fielding, Poe, Gerstäcker, Auerbach, Dahn, Ibsen, Horváth, Björnson, Liliencron, Busch, Alexis, Keyserling, Roquette, Franzos, Brentano, Anzengruber, Schnitzler, Heym, Rilke, Pellico, Maupassant, Herodot, Scott, Platon, Bulwer-Lytton, Gotthelf, Raabe, Ebner-Eschenbach, Schiller, Tolstoi, Grimm, Dostojewski, Dehmel, Keller, Paulus, Hegel, Dauthendey, Rathenau, Molière, Michelangelo, Eichendorff, Augustinus, Brehm, Stevenson, Goethe, Laotse, Ringelnatz, Wilde, Berend, Rose, Bornstein, Alighieri, Wille, Bismarck, Chamberlain, Balzac, Lassalle, Cervantes, Arnim

Der Verlag tredition aus Hamburg veröffentlicht in der Reihe **TREDITION CLASSICS** Werke aus mehr als zwei Jahrtausenden. Diese waren zu einem Großteil vergriffen oder nur noch antiquarisch erhältlich.

Symbolfigur für **TREDITION CLASSICS** ist Johannes Gutenberg (1400 — 1468), der Erfinder des Buchdrucks mit Metalllettern und der Druckerpresse.

Mit der Buchreihe **TREDITION CLASSICS** verfolgt tredition das Ziel, tausende Klassiker der Weltliteratur verschiedener Sprachen wieder als gedruckte Bücher aufzulegen – und das weltweit!

Die Buchreihe dient zur Bewahrung der Literatur und Förderung der Kultur. Sie trägt so dazu bei, dass viele tausend Werke nicht in Vergessenheit geraten.

Ueber die schrecklichen Wirkungen des Aufsturzes eines Kometen auf die Erde und über die vor fünftausend Jahren gehabte Erscheinung dieser Art

August Heinrich Christian Gelpke

Impressum

Autor: August Heinrich Christian Gelpke

Umschlagkonzept: toepferschumann, Berlin

Verlag: tredition GmbH, Hamburg
ISBN: 978-3-8495-4603-8

www.tredition.com
www.tredition.de

Rechtlicher Hinweis:
Alle Werke sind nach unserem besten Wissen gemeinfrei und unterliegen damit nicht mehr dem Urheberrecht.

Ziel der TREDITION CLASSICS ist es, tausende deutsch- und fremdsprachige Klassiker wieder in Buchform verfügbar zu machen. Die Werke wurden eingescannt und digitalisiert. Dadurch können etwaige Fehler nicht komplett ausgeschlossen werden. Unsere Kooperationspartner und wir von tredition versuchen, die Werke bestmöglich zu bearbeiten. Sollten Sie trotzdem einen Fehler finden, bitten wir diesen zu entschuldigen. Die Rechtschreibung der Originalausgabe wurde unverändert übernommen. Daher können sich hinsichtlich der Schreibweise Widersprüche zu der heutigen Rechtschreibung ergeben.

Ueber die

schrecklichen Wirkungen

des

Aufsturzes eines Kometen

auf die Erde

und

über die vor fünftausend Jahren gehabte Erscheinung dieser Art.

Von

Dr. Aug. Heinr. Christ. Gelpke,

Schulrathe und Professor in Braunschweig und Ehrenmitgliede der Großherzoglichen mineralogischen Societät in Jena.

Leipzig,

1835.

Friedrich Fleischer.

1

Ehe ich die schrecklichen und furchtbaren Wirkungen, welche unser Wohnort sowol in seinem innern Baue, als auch auf seiner Oberfläche leiden würde, wenn irgend ein bedeutender Weltkörper, etwa von der Größe unseres Mondes auf die Erde stürzte, anführe, muß ich zuvor eine allgemeine Darstellung von der Entstehungsart desselben und seiner allmäligen Ausbildung zu geben suchen, um danach die furchtbaren Wirkungen des Kometen, der an unsern Wohnort stoßen, seinen innern Bau zertrümmern und seine organische Schöpfung zerstören und vernichten würde, richtig beurtheilen zu können.

Die beiden großen, mächtigen Hauptgesetze, durch welche unser Erdball und überhaupt die großen Weltkörper, die mit ihrem funkelnden Lichte das nächtliche Gewölbe des Himmels so prachtvoll schmücken, 2 und Millionen Mal größer, als unser uns schon so groß scheinender Erdkörper sind, und wodurch das Samenkorn in dem Schoße der Erde gebildet wird und zu seiner Entwicklung gelangt, sind die *Anziehungs-* und *Abstoßungs*gesetze.

Alles, was wir um uns her und in den Tiefen der Erdschichten erblicken, ist auf dem flüssigen Wege entstanden, das heißt: der erste Zustand aller natürlichen Körper ist ein flüssiger gewesen. Wer verkennt dieses, wenn er an die Entstehung des erhabenen Menschen aus einem kleinen, einem Senfkorne an Größe gleichenden Eye denkt? Und wer würde es glauben, wenn die Erfahrung solches nicht bestätigte, daß aus demselben der große erhabene Mensch entstände, der mit der Meßruthe in der Hand die ungeheurn Weiten der Welten, welche der Lichtstrahl, der in einer Sekunde 41,000 Meilen macht, nicht in Jahrzehnden, sondern erst in Jahrtausenden, und die Weite von dem, von Herschel zuletzt entdeckten Weltengebiete in 1½ Millionen von Jahren durchläuft, auszumessen, und die Gesetze, wodurch sie in dem großen Weltenraume schwebend erhalten 3 und umhergeführt werden, auszuforschen vermag? Ist aber der erste Zustand des Menschen in diesem Eye nicht ein flüssiger?

Und wird *derselbe* nicht dadurch in diesem kleinen Eye entwickelt, daß von diesem, wenn es durch eine geheimnißvolle Naturkraft angeregt und belebt worden ist, die ihm zugeführten feinen Nahrungssäfte, vermöge des großen Anziehungsgesetzes der Natur, angezogen werden, und wenn solche alsdann von ihm gehörig verarbeitet worden sind, nach diesem und jenem Theile seines kleinen Wesens hingeführt oder gleichsam hingestoßen werden?

Ist aber der erste Zustand des Samenkornes in der Hülle der noch unausgebildeten Frucht anders? Und wird die Entwicklung desselben nicht durch gleiche Gesetze vollzogen?

Und sind die ungeheuren Felsenwände, die mächtigen Erd- und Steinschichten der Erde auf eine andere Weise entstanden? Sind sie nicht alle aus einem flüssigen Zustande ins Dasein gekommen? Wer kann dieses leugnen, wenn er die wellenförmige Bildung der Erdschichten und die Krystallisationen 4 in denselben, welche deutlich genug den Weg ihrer Entstehungsart bezeichnen, mit Aufmerksamkeit betrachtet? Und muß daher nicht unser Wohnort, der aus diesen mächtigen Felsenmassen zusammengesetzt ist, auf eine gleiche Art entstanden sein?

Hieraus erhellet demnach, daß unser Wohnort einstens, als er dem *Chaos* des unendlich großen Weltenraumes entschlüpfte, nichts weiter als eine und zuerst wahrscheinlich unbedeutende Art vom Wasserballe gewesen sei, der sich hierauf durch die Vereinigung mehrer solcher Bälle an Masse vergrößert hat und hinangewachsen, und so vielleicht dem Kometen vom Jahre 1744, 1795 und 1796, in Ansehung des Naturbaues, gleich gewesen ist*.

*) Diese Weltkörper waren so durchsichtig, daß man Fixsterne durch ihre Masse hervorfunkeln gesehen hat. Bryant machte zuerst diese Entdeckung im Jahre 1744, darauf Dr. Gerschen den 8. und 9. November 1795 und Dr. Olbers den 1. April 1796.

Die Annahme einer solchen Entstehungsart unseres Wohnortes setzt aber voraus, daß einstens der 5 ungeheure Schöpfungsraum, der eben so unendlich ist, als das Wesen, welches ihn schuf und werden hieß, mit einem feinen Weltenstoffe angefüllt und übersättigt gewesen sein muß, in welchem sich hier und dort durch irgend einen Wink der höhern Natur oder durch irgend einen uns unbekannten Erzeugungsprozeß Massen getrennt und zu kleinen mehr flüssigen als festen Weltmassen, mit allen den Stoffen, woraus die Weltkörper bestehen, angefüllt, sich gebildet haben.

Da aber die Menge der kleinern Weltmassen, die dem Schoße des großen Weltenraumes entschlüpft waren, im Anfange unzählig groß gewesen sein muß, weswegen sie beinahe schwebend an einander müssen gestanden haben, wobei auch die anfängliche Richtung ihres Laufes, welche ihnen von dem sie bildenden Stoffe mitgetheilt worden war, noch nicht gehörig geordnet sein konnte, so war es wol natürlich, daß sie aneinander stoßen, dadurch auf einander fallen, und sich an Masse vergrößern mußten.

Als nun hierauf ihre Menge geringer wurde, so konnte auch das Zusammenfließen derselben nicht 6 mehr so häufig erfolgen, wodurch sie daher mehr Ruhe in ihrem Innern genossen, und vermögend wurden, die ihnen beigemischten Theile fallen zu lassen, und Kerne und Schichten in ihrem Innern zu bilden.

Diese Bildungsart ist aber nach eben denselben Gesetzen der allgemeinen Schwere erfolgt, nach welchen Wasser in einem Glase die hineingeschütteten und darin umhergerührten Erdtheile fallen läßt, nach welchen die schwersten Theile zuerst, hierauf die etwas minder schweren, und zuletzt die leichtesten von ihnen niederfallen, wodurch sich alsdann verschiedene Schichten auf dem Boden desselben bilden und anhäufen. Auf eben diese Weise mußten auch die kleinen Weltmassen, da sie noch in ihrem flüssigen Zustande waren, die ihnen beigemischten Stoffe niederfallen lassen, und zwar nach dem Punkte hin, der ihr gemeinschaftlicher Schwerpunkt war und in ihrer Mitte lag. Um diesen reiheten sich demnach die Stoffe, nach ihrer Schwere, kugelförmig, und bildeten dadurch bei unserer Erde die verschiedenen Erdschichten.

7 Auf diese Weise kann das Innere derselben nicht hohl, auch nicht mit Feuer oder Wasser, sondern es muß, nach der Berechnung des Engländers Hutten, der dritte oder vierte Theil von ihr mit einer Metallmasse ausgefüllt sein*. Da wir aber nicht bis zu ihrem Innern, vermöge des Wassers, welches sich aus dem Meere, den Flüssen und den Quellen in die Erdrinde überall hineindrängt und womit sich daher jede Vertiefung ausfüllt, hineindringen können**, 8 so kennen wir von ihr auch nur ihre Rinde, und auch diese nur bis zu einer Tiefe von 3000 Fuß, das ist bis zum siebentausendsten Theile ihrer ganzen Dicke†.

*) Bei der Ausmessung eines Grades auf der Erde 1735-1738 bemerkte Bouguer und Condamine, daß der 20,000 Fuß hohe Chimborasso in Peru in Südamerika, aus Granit bestehend, das Pendel um 7-8 Linien von der senkrechten Linie ab, und an sich zog, welches ebenfalls im Jahre 1774 bei dem Berge Shelallien in Schottland von Maskelyne, der über 300 Beobachtungen an demselben angestellt hat, beobachtet worden ist, worauf man eine Vergleichung der Anziehungskraft dieser Granitgebirge mit der der Erde angestellt und daraus hergeleitet hat, daß die Anziehungskraft der Erde sich zu der dieser Berge wie 9 zu 5 verhalte. Da nun die Dichtigkeit des Granits 2½ Mal größer als die des Wassers ist, so folgt daraus, daß die mittlere Dichtigkeit der Erdkugel 4½ Mal größer, als die des Wassers sein muß.

**) Wenn auch das in den Tiefen der Erde sich befindende Wasser das Hineinsteigen zu ihrer Mitte nicht verhinderte, so würde der Druck der Luft, der mit jeder zunehmenden Tiefe, von der über ihr sich befindenden Luftsäule immer größer wird, solches nicht verstatten, indem dadurch die Luft in einer Tiefe von 7 Meilen schon so zusammengedrückt ist, daß Eisen auf ihr, in einer Tiefe von 11 Meilen Gold, und in einer Tiefe von 12 bis 13 Meilen Platina, welches, wie bekannt, 21 Mal schwerer als das Wasser ist, schwimmt.
Wie sollte der Mensch nun durch diese dichte Luft zu dem Innern der Erde kommen? In einer Tiefe von *einer* Meile würde er vielleicht schon auf ihr schwimmen.

†) Diese Tiefe hat das Bergwerk bei Kuttenberg in Böhmen. Da der Halbmesser der Erde, welcher ihre Dicke ausmacht, gleich 860 geogr. Meilen ist, so macht diese Tiefe von ihr = (860 × 24000)/3000 Fuß = 7000 Fuß aus.

Nach der allgemeinen Schwere müßten wir nun in dieser Erdrinde die schwerste von allen Felsenmassen, das ist die Granitmasse, oder die Granitschicht, 9 oder das Granitgebirge überall als die unterste Erdschicht liegend finden. Hierüber müßte das Kalkgebirge von der ersten Entstehung, dann das von der zweiten oder das Flötzgebirge und hierüber die aufgeschwemmte Dammerde ruhen.

Indessen findet man fast nirgends in dem Innern der Erde diese Ordnung der Lage, wobei die tief liegenden Schichten nirgend vollkommen wagerecht liegen, sondern bald mehr bald weniger geneigt, und an vielen Oertern, wie bei dem Montblanc, sogar ganz oder doch beinahe senkrecht hingestellt. Und überhaupt in den Schweizeralpen, im karpathischen Gebirge, in den Pyrenäen und beinahe in allen großen Gebirgen erblickt man die ungeheuresten Felsenmassen häufig umgestürzt und auf dem Kopfe stehend. Hin und wieder liegen sie in einer umgebogenen krummlinigen Richtung so, daß die hohle Seite nach Außen hingewandt gerichtet steht. Kurz es ist bei der Lage und Stellung der Schichten keine Lage und Gestalt denkbar, welche bei diesen Felsenmassen noch Statt finden konnten.

Alle diese ungeheuern Felsenmassen sind in ihrem 10 Innern durch mächtige Spalten, Risse, Hohlungen und Klüfte auf alle mögliche Art und Weise von einander getrennt, die bald in horizontaler, bald in schiefer Richtung in ungeheuren Weiten durch sie dahin laufen, und bald senkrecht stehend, wie wenn Felsenwände an Felsenwände geschoben und an einander gedrängt worden wären, angetroffen werden, und die sich hin und wieder mit Metallmassen, auch wol mit vegetabilischen und animalischen Produkten ausgefüllt haben. Und von außen sind jene auf alle Art und Weise über einander hingeworfenen und hin und wieder umgestürzten Felsenmassen durch weite und tiefe Thäler* von einander getrennt, wodurch tiefe Seen hin und wieder entstanden sind, und wobei es sehr auffallend ist, daß man oft an dieser Seite eine ganz andere Felsenschicht, und dabei ganz anders hingestellt als an der andern Seite erblickt.

*) Das große Werk des von Saussüre, über die Alpen, ist voll von Beweisen, daß alle Thäler, bis auf ihre kleinste Verästelung, durch Umstürzen der Schichten gebildet worden sind. S. Gilbert Annal. Bd. 22 S. 168.

11 Außer diesen großen Naturwundern, worüber der aufmerksame Beobachter in Verwunderung und stilles Erstaunen versetzt wird, und die er sich auf die gewöhnliche Weise, durch die Macht des Feuers und der Fluthen, nicht befriedigend zu erklären vermag, siehet er Felsentrümmer von Granitmassen nicht bloß auf Ebenen, sondern auch auf Hügel und Berge, fern von ihrem Geburtsorte, hingeworfen. So sind z. B. die Ebenen und Hügel von Deutschland und Italien und die Bergrücken des Juragebirges mit den Granitblö-

cken von den Alpen, die hier zu den Höhen von 5000 Fuß und durch den 950 Fuß tiefen und über 3 Stunden breiten Genfersee hinangefluthet sind, übersäet.

Aber nicht allein auf den Hügeln, Ebenen und Bergen dieser beiden Länder, sondern fast auf allen Ebenen, Hügeln und Bergen von ganz Europa bis zu den nördlichen Gebirgen dieses Erdtheils hin, liegen die Granitblöcke hin und wieder in bedeutender Menge und Größe* ausgestreuet. Und auch in Südamerika 12 in der Gegend von Potosi findet man Granitfelsenstücke, ohne errathen zu können, wie und woher sie hierher gekommen sind. Und so wie die Erdrinde auf ihrer Oberfläche mit Granitblöcken und andern Felsenstücken übersäet ist, so ist auch ihr Inneres damit angefüllt, und sie liegen darin eben so zerstreut und ausgebreitet, wie auf ihrer Fläche.

*) So hat der 30-40,000 Kubikfuß enthaltende Granitblock, woraus das Fußgestell zu der Bildsäule Peters des Großen gemacht worden ist, im finnischen Meerbusen auf einem Kalkgebirge gelegen. Und bei der Insel Usedom erheben sich mehre Granitspitzen auf dem Baltischen Meere empor, und die schwedische Provinz Schonen, wie auch die Halbinsel Jütland, sind mit diesen Granittrümmern so reichlich angefüllt, daß davon Mauern, Kirchen u. s. w. gebaut worden sind.

Aus diesem hier nur kleinen und schwach dargestellten Gemälde von dem Innern der Erde, worüber man Mehres und Ausführlicheres in de la Metherie's Theorie der Erde im 2. Theile, Bergmann's physikalischer Beschreibung der Erdkugel im 1. Theile, Saussure's Alpenreisen und in den Untersuchungen 13 über den Ursprung und die Ausbildung der gegenwärtigen Anordnung des Weltgebäudes von den Marschällen von Bieberstein finden kann, folgt demnach, daß unser Wohnort durch mächtige Revolutionen in seinem Innern zerstört und zertrümmert worden sei. Da nun diese Zerstörungen 1) nicht durch die Macht des unterirdischen Feuers, welches wol einzelne Gegenden der Erdoberfläche verwüsten, Felsenmassen emporheben und sie zertrümmern kann, aber nicht ungeheure Felsenmassen über Felsenmassen zu schleudern, sie umzustürzen und wie Wände an Wände zu reihen und dadurch Bergketten, von 70 Meilen, wie die Pyrenäen, und von 1700 Meilen, wie die Cordilleras in Amerika, zu bilden vermag — und 2) auch nicht durch die Macht der Fluthen, indem sich dadurch jene vorhin angeführten Erscheinungen gar nicht erklären lassen, hervorgebracht werden konnten, so muß eine andere, weit mächtigere Ursache diese große Revolution in dem Innern der Erde hervorgebracht haben. Und diese ist keine andere und kann keine andere sein, als ein öfteres Aufstürzen fremder festen Weltmassen auf unsere Erde, wodurch die Rinde derselben zerstört, ihre Felsenmassen umhergeworfen und mit fremden Felsenmassen vermischt worden sind.

Von der Behauptung dieser Wahrheit wird man sich durch folgende Punkte, wie ich glaube, hinlänglich überzeugen: 1) durch den vorhin dargestellten zertrümmerten Bau der Erdrinde, besonders in ihren großen Gebirgen, 2) durch den vorhin angeführten Lauf der kleinen Weltmassen, der bei allen noch nicht gehörig angeordnet worden ist, wie ich vorhin angeführt habe. Und 3) durch die Erscheinung so vieler noch unausgebildeter Weltmassen, die noch stets dem Schoße des großen Weltenraumes entschlüpfen, wenn sie sich durch den darin stets ausgebreiteten Weltenstoff zu Weltmassen und Weltkörpern gebildet haben, von welchen die kleinen Massen, unter den Namen Feuerkugeln, Sternschnuppen und Meteorsteine, so lange in dem Schöpfungsraume umherlaufen, bis ihre Schwungkraft durch das Nahekommen an irgend einen größern Weltkörper geschwächt oder wol ganz vernichtet wird, wo alsdann eine Vereinigung ihrer Masse mit der des größern erfolgt.

Hiervon überzeugen uns folgende Beispiele: Im Jahre 1676 den 21. März erschien eine solche Kugel, die etwa ¼ deutsche Meile im Durchmesser besaß, und mit einer Geschwindigkeit von 160 geogr. Meilen in einer Minute über Dalmatien, das Adriatische Meer und Italien dahin eilte, südwärts von Livorno zersprang, und zertrümmert ins Meer fiel.

Im Jahre 1719 wurde eine solche Kugel in England beobachtet, die in einer Minute 300 geogr. Meilen zurücklegte, also weit die Geschwindigkeit der Erde in ihrem Laufe, welche in einer Minute nur 240 Meilen macht, übertraf, 3560 Fuß im Durchmesser besaß, und in einer Höhe von 64 deutschen Meilen erblickt wurde.

Im Jahre 1758 wurde hier ebenfalls eine solche Kugel erblickt, welche in einer Sekunde 6 deutsche Meilen zurücklegte, 4340 Fuß im Durchmesser groß war, und zuerst in einer Höhe von 20 und nachher von 5-7 deutschen Meilen gesehen wurde.

Und die letzte Erscheinung in dieser Art ist die 16 Feuerkugel vom Jahre 1783 gewesen, welche in einer Höhe von 12 bis 13 deutschen Meilen über England und Frankreich dahin geeilt ist und auch in Rom und Hamburg soll beobachtet worden sein. Mehres hierüber findet man vom D. Chladni, »Ueber den Ursprung der von Pallas gefundenen und anderer ihr ähnlichen Eisenmassen. Leipzig, 1794«, gesammelt.

Zu diesen merkwürdigen Erscheinungen, welche nicht in unserer Atmosphäre, indem diese nur 9 bis 10 Meilen hoch ist, erzeugt, und die auch nicht von ihr getragen und umhergeführt werden können, weil diese nicht ein Mal einen Wassertropfen umherzuführen vermag, gehören auch die Meteorsteine, welche man, ihres Ursprungs wegen, jetzt Cosmolithen nennt, und die theils in einer festen dichten Masse, theils in einer porösen Gestalt, und theils als Staub- und Wasserregen zu uns herabgekommen sind, und wovon die größern festen Massen das Gewicht von *einem* Pfunde bis zu dem von *hunderttausend Pfunden* und dabei hin und wieder die Größe eines Hauses gehabt haben.

17 Zum Beweise hiervon mögen folgende Beispiele dienen:

Zuerst der Stein, dessen Herabfallen durch gerichtlich abgehörte Zeugen und mit Dokumenten gehörig bestätigt ist, der am 26. Mai 1751 in der Gespannschaft Agram im obern Sclavonien herabfiel. An diesem Tage nämlich bemerkte man des Abends um 6 Uhr gegen Osten am Himmelsgewölbe eine Art von feuriger Kugel, welche, nachdem sie in zwei Theile mit sehr großem, einen Kanonenschuß übertreffenden Knalle zersprungen war, in Gestalt zweier in einander verwickelten Ketten mit solchem Geräusche, als wenn eine große Menge Wagen durch die Luft gewälzt worden wäre, auf die Erde gefallen, und von welchen das eine Stück, 71 Pfund schwer, in einen acht Tage zuvor gepflügten Acker, drei Klafter tief, in den Boden hineingedrungen ist; das andere Stück, 16 Pfund schwer, ist auf eine Wiese, 2000 Schritt von jenem entfernt, niedergefallen, und hat ebenfalls eine Spalte von 2 Ellen weit zurückgelassen. Von diesen beiden Stücken ist das größere, nebst der Urkunde darüber, von dem 18 bischöflichen Consistorium zu Agram an das Kaiserliche

Naturalienkabinet in Wien geschickt worden, wo es aufbewahrt liegt. Ein anderer Stein von dieser Art ist der, welcher 190 Pfund schwer, und seit Jahrhunderten auf dem Rathhause zu Ellbogen in Böhmen, unter dem Namen der verwünschte Burggraf, gelegen hat, jetzt auf dem Kaiserlichen Naturalienkabinet in Wien ebenfalls aufbewahrt wird. Ein anderer Stein von 270 Pfund ist bei Ensisheim in Ober-Elsaß im Jahre 1492 den 7. November niedergefallen. Im Jahre 1622 den 10. Januar ist in Devonshire in England eine Steinmasse von 3½ Fuß Länge, 2½ Fuß Breite und 2½ Fuß Dicke, eine Elle tief in die Erde geschlagen. Im Jahre 1668 den 19. oder 21. Junius fielen große Steine im Veronesischen nieder, von welchen der eine 200 Pfund wog. Zu diesen Steinen gehört noch vorzüglich derjenige, welcher von einer porösen Masse und den Pallas im Jahre 1772 in Sibirien gefunden hat, der 1600 Pfund schwer war, und von dem die Einwohner ihm erzählt haben, daß er vom Himmel gefallen sei, weswegen sie ihn wie ein 19 Heiligthum verehrten. Und zu den größten Steinen dieser Art gehört 1) derjenige, welcher im Winter 1740 oder 1741 in Grönland, von der Größe eines Hauses, mit einem furchtbaren Donner, wodurch die Menschen aufgeweckt worden sind, niedergefallen ist. Und auch in Thüringen soll ein Stein von eben dieser Größe im Jahre 1135 oder 1136 niedergefallen sein. 2) Der Stein, von welchem Herr von Humbold in seinem »Essai politique etc. sur la nouvelle Espagne chap. 8. p. 293« erwähnt, daß er 300 bis 400 Zentner schwer sei und in der Gegend von Dorango in Mexiko liegen soll. Und endlich 3) derjenige, welchen Bougainville am Platoflusse, der 100,000 Pfund zu seinem Gewichte haben soll, gesehen hat. Auch gehört höchst wahrscheinlich hierher der Eisenfelsen am rechten Ufer des Senegals, von dessen Masse die Neger ihre Werkzeuge schmieden, indem dieser Felsen ganz isolirt an jenem Orte zu liegen scheint*.

*) Das in den Geographien stets angeführte Eisen von Senegambien scheint dieses zu sein.

20 Außer diesen festen Massen, welche zu uns herabgekommen sind, sind auch solche in Staub und Regen, wie ich schon angeführt habe, zu uns herabgefallen. Zu den merkwürdigsten Staubregen dieser Art gehört erstlich derjenige, welcher am 14. März 1813 in Calabrien gefallen ist, wo eine Menge von rothem Staube, vom Meere herkommend, unter Regen, Blitz, Donner und einem beson-

dern Getöse, und hin und wieder mit Steinen vermischt, zur Erde fiel, wobei die Luft Stunden lang verfinstert und die ganze Gegend mit Furcht und Schrecken angefüllt gewesen ist. Und zu gleicher Zeit soll ein rother Schnee in Friaul gefallen sein. Zweitens gehört hierher der starke Staubregen, welcher sich am Ende des Septembers im Jahre 1815 auf dem Ostindischen Meere ereignet hat, wo dasselbe noch am zweiten Tage, in einer Breite von 50 deutschen Meilen, mit hohem rothen Staube bedeckt war*.

*) Mehres hierüber findet man in dem Verzeichnisse der herabgefallenen Stein- und Eisenmassen von Chladni, und in den fortgesetzten Verzeichnissen dieser Massen in dem 22. und 23. Bande von Gilbert's Annalen, und in der ersten Zeitschrift vom Jahre 1818.

21 Alle diese Massen, die sich am Tage am Himmelsgewölbe als vielfarbige, sonderbar gestaltete Wölkchen, und des Nachts in der Gestalt von brennenden, mit leuchtenden Dämpfen umgebenen und mit einem Schweife versehenen Kugeln gezeigt haben, und die alle in Ansehung ihrer Bestandtheile von einerlei Beschaffenheit sind, können nun keine Erdprodukte sein. Denn sollten sie diese sein, so müßten sie aus feuerspeienden Bergen ausgeworfen und von ihnen umhergeschleudert worden sein, und man müßte sie alsdann in der Gegend dieser Berge am häufigsten antreffen, wo man aber fast gar keine findet. Und sollten sie aus Bergen, die am Nord- und Südpole, von welchen wir aber nichts wissen, vorhanden sein sollen, ausgeworfen werden, so würden sie stets aus einer und ebenderselben Gegend, und nicht aus allen Weltgegenden zu uns kommen. Ferner sind auch die Berge nicht vermögend, solche Massen von 100 bis 100,000 22 Pfunden zu einer Höhe von 60 bis 100 Meilen zu schleudern und ihnen eine Wurfkraft, durch welche sie über Länder geführt worden sind, mitzutheilen. Auch der mächtige Blitzstrahl vermag solche Massen nicht von den Felsenspitzen zu reißen, und sie in eine solche Höhe zu schleudern; daher können diese Meteormassen keine Erdprodukte sein. 2) Können diese Massen, wie einige geglaubt haben, auch nicht vom Monde zu uns gekommen sein, und noch von demselben zu uns kommen, weil a) ihre Anzahl, welche Chladni auf 300 angibt, viel zu groß ist, und b) weil der Lauf beider Weltkörper, der Erde und des Mondes, ihre Ankunft vom Monde her nur in einer elliptischen Bahn verstatten könnte, weswegen daher nur selten solche Meteormassen zu uns herabfallen könn-

ten. Der große Geometer *La Place*, der die Mechanik des Weltenbaues entdeckt und uns enthüllt hat, wurde durch den Anblick der vielen Krater auf dem Monde, die von den heftigsten Revolutionen, welche auf demselben müssen statt gefunden haben, zeugen, auch auf den Gedanken gebracht, daß die Meteormassen wol 23 vom Monde zu uns hergeschleudert werden könnten. Als er aber zu berechnen anfing, und fand, daß eine solche Masse in einer Sekunde 7773 Fuß machen mußte*, um aus dem Gebiete der Anziehungskraft des Mondes in das der Erde zu kommen, so gab er seine Meinung auf. Auch Dr. Olbers war anfangs ebenfalls dieser Meinung ergeben, wenn der Mond in seiner Erdnähe von 48,000 Meilen sich befände, und beide Weltkörper, Erde und Mond, in einem Ruhestande sich befinden. Da aber dieses nicht der Fall ist, so muß jedem Körper auf dem Monde die Bewegung der Schnelligkeit und Richtung so mitgetheilt werden, wie er dieselbe hat. Hierdurch würde der Stein in den Lauf eines parabolischen Bogens versetzt werden, aber nicht zur Erde kommen. Und 3) können diese Massen nicht in der Atmosphäre erzeugt werden, weil a) diese nur 9 bis 10 Meilen hoch ist, und jene Massen in einer Höhe von 60 bis 100 Meilen, wie die darüber angestellten Berechnungen 24 beweisen**, erblickt worden sind. b) Ist die Atmosphäre in einer Höhe von 20 Meilen so dünn, daß *eine* Kubikmeile Luft nicht mehr als *ein* Pfund wiegt. Wie ist nunmehr denkbar, daß in dieser Höhe und noch weniger in der von 60 bis 100 Meilen sich Eisenmassen von 1000 bis 100,000 Pfund haben bilden können? Denn wo ist der Stoff dazu in dieser Höhe vorhanden? Und c) wodurch sollten diese Meteormassen die Schwungkraft erhalten haben, durch welche sie über ganze Länder, mit einer Geschwindigkeit, welche bei einigen die der Erde übertroffen hat, dahin geführt worden sind, und mit 25 welcher sie sich, in einem parabolischen Bogen sanft zur Erde niederlassend, erhalten haben, wenn sie beides nicht bei ihrem Entstehen im Weltenraume erhalten hätten, indem die Luft nicht einmal einen Wassertropfen, der nach seiner Bildung sogleich zur Erde fällt, fortzuführen vermag.

*) Eine Geschwindigkeit welche 7 Mal die des Schalls, der in einer Sekunde 1040 Fuß macht, übertrifft.
**) Die Feuerkugel oder Meteormasse, welche im Jahre 1783 den 10. August über England und Frankreich &c. fortlief, ist in Ham-

burg gesehen worden. Da nun Hamburg von London 90 Meilen entfernt ist, so muß diese Masse, wenn sie in einem Winkel von 50° von Hamburg aus gesehen worden ist, über 107 Meilen hoch geschwebt haben. Ist sie in einem Winkel von 40° gesehen, so ist ihre Höhe 75, ist sie 30° hoch gesehen, so ist ihre Höhe 50 Meilen, und ist sie 10° hoch gesehen worden, so ist ihre Höhe 15 Meilen gewesen.

Aus allen diesen folgt demnach, daß die Meteormassen Produkte des großen Weltenraumes oder kleine Weltmassen sind.

Wenn sich nun solche Vereinigungen fremder Körpermassen mit der unseres Wohnortes in neueren Zeiten zugetragen haben, ist es dann wol nicht sehr wahrscheinlich, daß in noch frühern Zeiten, besonders zu der, wo die Menge der kleinen Weltmassen weit größer war, als jetzt, und viele von ihnen, wo nicht alle, in einem noch unangeordneten Laufe dahin eilten, weit mehre solcher Zusammenstürze erfolgen mußten — und daß auch Massen von bedeutender Größe auf unsern Wohnort müssen gestürzt sein, welche nicht allein seinen innern Bau erschüttert und zerstört, sondern auch Felsenmassen, als Berge, auf ihn müssen hingesetzt haben?

26 Vielleicht ist auf diese Art einstens Amerika, welches weit höher als die übrigen Erdtheile über der Meeresfläche erhaben liegt, aufgesetzt worden, wozu nur ein Weltkörper, wie die Vesta* groß ist, gehörte, der hierauf das Wasser daselbst weggedrängt und zu großen Wasserbergen auf den Seiten der Erdoberfläche angehäuft hat, und wodurch vielleicht die Zend- oder die Noahische oder eine andere Fluth des grauen Alterthums hervorgebracht worden ist.

*) Diese ist 14,800 Mal kleiner als unser Wohnort.

Daß aber unser Wohnort mehre solcher Zusammenstürze von bedeutenden Weltmassen wirklich erlitten habe, zeigt deutlich, nicht allein, wie schon angeführt ist, sein innerer Bau, sondern auch die große Menge von organischen Wesen, welche tief unter den Felsenmassen verschüttet liegen, und die ihr Grab nicht durch Fluthen, sondern nur durch gewaltsame Verschüttungen und Zusammenstürzungen von Felsenmassen auf Felsenmassen, da, wo sie liegen, können gefunden haben*. Denn, wenn die 27 ganze Menge von Ueberresten der Thiere durch Fluthen hierher geführt worden wäre, so würde man 28 die Knochen derselben nicht so gut erhalten, sondern vom Wasser zerstört und in Steinmassen umgeschaffen, wie man viele von den Muscheln antrifft, oder in Abdrücken dargestellt, und auch nicht tief unter Felsen, wo nie Fluthen hingedrungen sind, antreffen und angetroffen haben. Und selbst der große Naturforscher Cuvier, welcher nunmehr schon 78 Arten von Säuge- und eyerlegenden Thieren aus dem Schoße der Erde, worunter 49 in der jetzt lebenden Schöpfung gänzlich unbekannte Arten sind, hervorgefunden hat, behauptet, daß die großen Landthiere da, wo sie in der Erde liegend gefunden werden, auch gelebt haben. Hieraus erhellet demnach, daß ein großer Theil von jenen Thieren, wo nicht alle, 29 durch einen Aufsturz eines fremden Weltkörpers** auf unsere Erde verschüttet worden sei.

*) Zu den Thieren, die höchst wahrscheinlich da, wo ihre Ueberreste gefunden werden, einstens gelebt haben, gehört vorzüglich der Elephant, von welchem man fast in allen Ländern Europa's Ueberreste ausgegraben hat und noch ausgräbt. So gräbt man z. B. in den Baumanns- und Scherzfeldischen Höhlen zuweilen eine Menge Zähne aus, die oft noch ihren natürlichen Glanz haben und in den Kinnbacken festsitzen. So hat man auch bei Erfurt in Thüringen im Jahre 1698 in einer Tiefe von 24 Fuß ein Gerippe ausgegraben, welches noch die Hirnschale mit 4 Backenzähnen, 2 Eckzähnen, Schulterknochen, Rückenwirbel, einige Rippen und verschiedene Halsknochen besaß. Eben so hat man nicht weit von Langensalza im Thüringschen bei Tonne im Jahre 1695 ein solches Gerippe mit 2 acht Fuß langen Eckzähnen oder Fangzähnen gefunden. Auch zwischen Brüssel und Rupelle sind 2 Gerippe mit Kinnbacken und Fangzähnen — auch in Siebenbürgen und Ungarn, an der Donau und am Rhein und fast in allen Ländern Europens sind sowol Knochen als Zähne von diesem Thiere ausgegraben worden. Ja, man hat sogar einen solchen in Kiesel verwandelten Backenzahn auf Island gefunden. Weit häufiger aber findet man dergleichen Zähne in Sibirien an den Flüssen Obi, Jenesei, Lena u. s. w. wo sie von einer Länge von 9½ Fuß, 6 Zoll im Durchmesser und 400 Pfund schwer gefunden werden. Auch an andern Oertern Asiens, Afrika's und Amerika's und zwar an solchen, von welchen man weiß, daß daselbst nie Elephanten gehauset haben, hat man Ueberreste davon gefunden. Mehres hierüber findet man in meiner »Allgemeinen Darstellung der Oberflächen der Weltkörper unseres Sonnengebietes. Seite 10, 11 u. s. w.«

) Von den bei dem Dorfe Thiede, unweit Braunschweig, aufgefundenen Knochen vom Mammuth, Nashorn, Dammhirsch &c. scheinen diese hier gelebt und durch jene herbei strömende Fluth in einen Winkel zusammen getrieben zu sein, in welchem sie Schutz zu finden glaubten, wo sie darauf unter dem Niederschlage der Wasserfluth begraben worden sind.

Aber wie furchtbar, wie grausenvoll müssen solche große mächtige Naturscenen, welche nicht allein das Innere der Erde erschüttern, hier und da die Felsenmassen zertrümmern und die Ebenen verwüsten, sondern auch die lebende Schöpfung in einem Nu in ein Nichts verwandeln, sein! Denn schon, wenn ein Weltkörper von einer Größe, wie unser Mond, der das Meerwasser unter der Linie zu einer Höhe von 2 bis 3 Fuß, in einer Breite von 30 bis 50 Grad* aber zu einer Höhe von 20 bis 48, bisweilen 30 sogar auf 80 Fuß, wie es bei der Insel St. Malo der Fall ist, erhebt, sich unserm Wohnorte nähern, und näher, als jener uns ist, kommen würde, würde nicht allein das Meer aus seinen Ufern treten, und die ebenen, von Menschenhänden jüngst bearbeiteten, lachenden Fluren der schönen Natur überschwemmen, sondern bei seinem immer Näherkommen, würde das Wasser sich immer mehr zu Wasserbergen anhäufen, 31 hier und dort seinen Boden gänzlich verlassen, und endlich mit allen seinen Bewohnern über Felsenmassen hinüberfluthen** und die schöne grünende Natur in ein todtes Chaos und die lebende Schöpfung in ein Nichts verwandeln. Und wenn endlich jene Weltmasse auf unsern Weltkörper stürzen würde, so würde nicht allein das Wasser unter ihr weggedrängt und zu den Seiten mit Gewalt über Berge und Thäler, über Fluren und Wälder zu strömen gezwungen werden, wodurch das, was jüngst noch Land war, zum Meere, und was jüngst noch Meer war, zum festen Lande würde umgeschaffen werden, sondern es würde auch der Mittelpunkt der Erde, nebst ihrem Schwerpunkte, und die Umwälzung derselben um ihre Achse, sowol in Ansehung 32 ihrer Geschwindigkeit, wie auch ihrer Richtung nach verändert werden, wodurch das, was jüngst auf ihr Nord- und Südpol war, vielleicht zum Aequator gemacht werden würde. — Auch würde dieselbe in der Gestalt und Lage ihrer Bahn, wie auch in ihrem Abstande vom Sonnenkörper, und in ihrem Umlaufe um denselben eine große Veränderung zu leiden haben. Solche große und mächtige Veränderungen möchten sich also wol mit unserm Erdkörper zutragen, wenn ein Weltkörper von Bedeutung auf ihn stürzen würde. — Und daß derselbe schon solche große Veränderungen mehr als ein Mal erlitten habe, leuchtet aus dem bereits vorhin Angeführten, wie auch daraus hervor, daß man Bewohner des tiefen Meeres auf den Gipfeln der höchsten Felsenmassen†, wohin sie nur eine mächtige grausenvolle 33 Fluth geführt haben kann, begraben liegend gefunden hat. — Aber auch daraus, daß man in unsern Gegenden und in denen, welche mit denselben in gleichem Abstande vom Aequator liegen, Ueberreste von Thieren, die nur in heißen Gegenden hausen können, in Menge unter der Erdmasse verschüttet angetroffen hat, welches daher voraussetzt, daß diese Gegenden einstens warm müssen gewesen sein. Und eben so findet man in unsern Gegenden unter der Erde Spuren von Meerbewohnern, und darüber Ueberreste von Landthieren liegend, welches hinlänglich den Beweis für mehre Revolutionen, die unsere Gegenden einstens müssen erlitten haben, darreicht. Jetzt fragt es sich, wird unser Weltkörper eine solche Revolution ein Mal wieder zu befürchten haben? Und wenn er solche zu befürchten hat, wann wird alsdann dieselbe eintreten?

*) Unter der Linie oder dem Aequator beträgt die Anziehungskraft der Sonne auf das Meer, nach La Lande's Berechnung, 23 Zoll und die des Mondes $3 \times 23 = 69$ Zoll, folglich von beiden Weltkörpern zugleich an 8 Fuß. Da aber der Widerstand des Grundes des Meeres die Erhebung zu dieser Höhe verhindert, so kann es sich nur unter dem Aequator 2 bis 3 Fuß hoch erheben. Aber jenseit des Aequators erhebt es sich bedeutender, so daß dessen Höhe bei den kanarischen Inseln, unter dem etwa 30. Grade nördl. Breite 7 bis 8 Fuß beträgt; an den Küsten von Marocko und denen von Spanien bis etwa auf den 37. Grad nördl. Breite auf 10 Fuß; an den Küsten von Portugal und Spanien bis etwa auf den 43. Grad nördl. Breite auf 12 Fuß, vom Vorgebirge Finis terrae bis zum Ausflusse der Garonne, also bis zum 46. Grad nördl. Breite 15 Fuß &c. sich erhebt. Hierauf nimmt diese Höhe nach dem 48. Grade nördl. Breite wieder ab, und die Fluthen werden bis nach dem Nordpole zu immer niedriger, wo sie endlich ganz aufhören.
**) Wenn der Mond seinen Standort verlassen und zur Erde herabfallen könnte, so würde er, wenn er 7740 Meilen von uns entfernt wäre, das Meer 256 Fuß zu sich hinan erheben, und wenn er 1016

Meilen uns nahe gekommen wäre, so würde er dasselbe 15,000 Fuß zu sich empor erheben, und daher solches zwingen, über die beinahe höchsten Berge hinüberzufluthen.

†) Delüc hat auf den Savoyischen Alpen, in einer Höhe von 7844 Fuß über der Meeresfläche erhaben, Ammoniten angetroffen. Und nach der Versicherung des Don Ulloa sollen auf einem Kalkgebirge in Peru, in einer Höhe von 14,000 Fuß, und auf einem andern, in einer Höhe von 13,200 Fuß, Pektiniten und Ammoniten gefunden worden sein.

In der ganzen Natur finden wir, wo wir unsere Blicke nur hinwerfen, Vergehen und Entstehen zur Verjüngung und Verschönerung derselben. Denn wenn der Wurm und der Baum ihre Bestimmung, dieser als Baum und jener als Wurm erreicht haben, 34 so sterben sie dahin, lösen sich in ihre Bestandtheile auf, und dienen dadurch der schönen Natur zur Verjüngung und Verschönerung. So ist auch der mächtige Felsen dem Zahne der Zeit unterworfen, wie die Spitzen der Pyrenäen durch ihr Vergehen beweisen.

So wie nun Alles auf unserem Erdballe vergehet, wodurch sich die Natur verjüngt, so vergehen auch Welten und Weltengebiete, und neue treten für sie zur Erneuerung und Verherrlichung der großen Schöpfung wieder hervor; daher sind auch schon Weltkörper vergangen, und haben sich in kleinere Massen, wie es mit der Ceres, Pallas, Juno und Vesta der Fall gewesen zu sein scheint, aufgelöset, und so werden auch einst die übrigen Weltkörper unseres Sonnengebietes und nach und nach des ganzen Schöpfungsgebietes vergehen, und in neue Weltmassen umgeschaffen werden, wenn sie dem großen Weltenplane das nicht mehr sind und leisten können, was sie darnach sein und leisten sollen, nämlich *einer bestmöglichst großen Menge von lebenden Wesen zum Wohn- und Wonneplatze*35 zu dienen. Daher wird auch unser Wohnort einstens das nicht bleiben, was er jetzt ist, sondern wird sich entweder in kleinere Massen auflösen, oder durch den Aufsturz eines andern auf ihn an Masse vergrößert werden.

Aber wann wird diese Zeit eintreten? Die Zeit, wo unser Wohnort nicht mehr die Fülle von Nahrungsstoff seinen auf ihm lebenden Geschöpfen wird darreichen, und wo daher nicht mehr die Menge von Geschöpfen auf ihm sich wird freuen können, wird alsdann

Statt finden, wenn die Erdachse eine senkrechte Stellung gegen den Sonnenkörper wird erhalten haben, wo alsdann ein beständiger Frühling in den gemäßigten und kalten Zonen der Erde herrschen, und wo in diesen alles grünen und wol blühen, aber nichts reifen wird, und wo daher nur die heiße Zone bewohnt sein kann.

Nimmt man nach Piazzi und den neuern Astronomen die jährliche Abnahme der schiefen Stellung gegen den Sonnenkörper, welche im Jahre 1800 23° 27' 56" war, zu 0,443 an, so macht diese in 100 Jahren 44" aus, wonach diese senkrechte Stellung 36 nach 192,000 Jahren erfolgen muß. Also welche geraumvolle Zeit ist der Erde noch zu ihrem gegenwärtigen Zustande vergönnt! Und welche geraumvolle Zeit hat die Menschheit noch zur Entwicklung ihrer erhabensten Seelenkräfte! Welche große Fortschritte wird sie daher in den Künsten und Wissenschaften, besonders in der Erd- und Himmelskunde, und in denen mit dieser verwandten, nicht noch machen! Und welche für uns noch tiefe Geheimnisse in der Natur werden von ihr nicht enthüllt werden, wenn sie so fortschreiten wird, wie sie in den letzten 20 Jahren in der Ausspähung der Kräfte der Natur fortgeschritten ist! Und auf welcher hohen Stufe der Ausbildung wird sie dann nicht in den letzten Jahrhunderten dieser geraumvollen Zeitperiode stehen!

Doch fragt es sich jetzt: haben wir nicht von einem andern Weltkörper früh oder spät eine Zerstörung unsers Wohnortes und eine Vernichtung der ganzen organischen Schöpfung zu befürchten? Und wenn solches der Fall ist, von welcher Art von Weltkörpern haben wir dieses zu befürchten? Wenn 37 ein Mal eine solche Zerstörung unseres Wohnortes sich ereignen sollte, so kann diese nur von einem Kometen bewirkt werden, indem die 11 Planeten mit ihren 18 Nebenplaneten, welche mit der Erde fast in gleicher Ebene ihren Lauf von Abend nach Morgen um den glanzvollen Sonnenkörper beginnen, in solcher genauen Verkettung zusammenstehen, daß der eine von dem andern nichts zu befürchten hat. Denn bei ihnen herrscht das genaueste Verhältnißmaß in Ansehung der Entfernung von einander, auch stimmen ihre Massen und Größen mit ihren Entfernungen überein, welche wiederum mit den Umlaufszeiten in einem gewissen Verhältnisse stehen.

So ist alles hier verkettet und nach der höchsten Weisheit angeordnet, worüber der nachdenkende Mensch, wenn er dieß Alles überblicket, in ein tiefes Staunen und in eine stille Bewunderung über die Größe seines Gottes versetzt wird.

Aber so ist es nicht mit den Kometen, weil diese das ganze Sonnenreich durchkreuzen, und deswegen, bald von dieser, bald von jener Gegend des Sonnengebietes hergeeilt kommen. Sie sind daher 37 bald sehr nahe, bald sehr weit von dem Alles belebenden Sonnenkörper entfernt, durchschneiden deswegen bald hier, bald dort die Bahn eines Planeten, und kommen bald diesem, bald jenem sehr nahe. So durchwandern allein 48 Kometen den Raum zwischen Erde und Venus, von welchen der im J. 1680 nur 96,000 geographische Meilen, der vom J. 1684 an 185,000 geographische Meilen und der vom J. 1770 an 300,000 Meilen von uns entfernt waren.

Da nun die Anzahl dieser Weltkörper, nach der Berechnung des verstorbenen Staatsrath und Ritter Schubert's in Petersburg über 20 Millionen ist, die bald hier, bald dort bei ihrer Sonnennähe in die Bahn eines Planeten kommen, so ist es schon deswegen nicht sehr unwahrscheinlich, daß einer von diesen ein Mal der Erde sehr nahe kommen und eine große Revolution auf ihr bewirken kann. Aber wir wissen dieses weit gewisser aus der darüber angestellten Berechnung des Hrn. Dr. Olbers in Bremen, nach welcher in einem Zeitraume von 88,000 Jahren ein Komet der Erde so nahe kommen wird, wie der Mond uns ist.

39 In dem Zeitraume von 4 Millionen Jahren wird es sich ein Mal ereignen, daß ein solcher Weltkörper uns an 7700 geographische Meilen nahe kommt, und das Wasser, wenn er der Erde an Masse gleich ist, zu 15,000 Fuß, und wenn er dem Monde an Größe und Masse gleich ist, zu 256 Fuß erhoben wird. Und in 220 Millionen Jahren wird ein solcher Weltkörper mit der Erde zusammenstoßen, und jene vorhin angeführten furchtbaren und grauenvollen Erscheinungen auf derselben hervorbringen.

Nachtrag.

Wenn eine Hypothese über die Ausbildungsart der Erde den denkenden Leser befriedigen soll, so muß sie folgende Punkte gehörig erläutern, und bestmöglichst ins reine Licht setzen: 1) Wodurch sind die Berge so hoch aufgethürmt? 2) Wodurch sind die Erdschichten so schief und hin und wieder senkrecht, wie ich angeführt habe, hingestellt, und wodurch sind diese, wie die Trümmer eines Hauses hier und dort über und durch einander hingeworfen worden? 40 3) Wodurch haben die großen Felsenmassen die Spalten und Risse nach allen möglichen Richtungen erhalten? 4) Woher kommt es, daß man die Bewohner des tiefen Meeres auf den Gipfeln der höchsten Berge, und unter den Schichten derselben begraben findet? 5) Wodurch sind die Thiere und Pflanzen heißer Gegenden in die gemäßigten und kalten Erdstriche gekommen? Und woher 6) sind endlich die Ueberreste von den Thieren, welche wir gar nicht mehr in unserer jetzigen organischen Schöpfung finden, hergekommen?

Um alle diese Fragen gehörig zu beantworten, ist keine Hypothese günstiger, als die, in der vorhergehenden Abhandlung, von mir aufgestellte: daß nämlich *unser Wohnort durch die Aufstürze größerer Weltmassen, als diejenigen sind, welche man unter dem Namen Meteorsteine, Feuerkugeln u. s. w. begreift, seine gegenwärtige Ausbildung erhalten* habe, indem alle andern darüber angeführten Meinungen nur einzelne Punkte, und auch diese nicht ein Mal gehörig erläutern.

41 Denn diejenigen Geologen, welche jene angeführten Erscheinungen durch die Macht eines unterirdischen Feuers, und durch die der Fluthen, welche aber beide nur eine untergeordnete Stelle bei der Ausbildung der Erde gespielt haben, erläutern wollen, nehmen in dem Innern der Erde ein Feuer an, welches die Erdrinde hin und wieder aufgeworfen, die Schichten derselben zerstückelt und die Felsentrümmer umhergeworfen habe, wodurch Spalten und Risse in den Schichten entstanden, und die Hohlungen zwischen denselben gebildet worden sind. Hierauf sind, nach ihrer Meinung, die Felsenmassen durch die Wasserfluthen weich gemacht worden und haben sich hierauf in die Hohlungen und Klüfte hinabgesenkt, wodurch sie die vorhin angeführten Lagen und Stellungen gegen

einander erhalten haben. Ferner sollen durch die Macht der Fluthen Schichten hin und wieder weggedrängt und Thäler gebildet, und Granit, und andere Felsenmassen durch die tiefsten Seen meilenweit fortgeführt, und zu hohen Gebirgen hinangewälzt worden sein. Und um die Erscheinung der großen Landthiere, welche in unseren 42 und anderen Gegenden der gemäßigten Erdzone tief unter Felsenmassen begraben gefunden werden, zu erläutern, nehmen einige Geologen Wasserfluthen an, welche sie aus den heißen Gegenden zu uns hinübergeführt haben; andere hingegen nehmen eine Veränderung der Erdachse an, wodurch unsere Gegenden, die vor derselben heiß gewesen sein sollen, gemäßigt geworden sind. Und der Verfasser der Urwelt läßt sogar einen Erdtheil, der am Südpole soll gelegen haben, deswegen untergehen, wodurch, nach seiner Meinung, sich die Richtung der Erdachse verändert hätte, ohne zu bedenken, daß dadurch gar keine Veränderung in Ansehung der Erdachse, wenn solches der Fall gewesen wäre, erfolgen konnte, indem der Schwerpunkt der Erde dadurch keine Veränderung erlitten hätte, weil der Erdtheil nicht von ihr weggenommen wäre, sondern nur unter die Fluthen würde versenkt worden sein.

Gegen die hier nur kurz dargestellten Sätze über die Ausbildungsart der Erdoberfläche muß ich zuvor, ehe ich die Unzulänglichkeit derselben darstelle, anführen, daß selbst der große Naturforscher *Cuvier*, 43 wie ich schon angeführt habe, behauptet*, daß alle diese großen Naturwirkungen in und auf der Erde, wie sie ein Saussure, de Luc und andere Geologen bei ihren Gebirgsreisen vorgefunden haben, sie nicht hervorbringen können.

*) Gilbert's Annalen der Physik Bd. 22. S. 117.

Was nun zuerst das unterirdische Feuer anbetrifft, so ist nicht zu läugnen, daß die Kraft desselben sehr groß sein muß, indem dadurch in den neuern Zeiten Berge, der neue Berg bei Neapel im Jahre 1538 zu einer Höhe von 2000 Fuß, und der Xurollo im südlichen Amerika im Jahre 1759 zu einer Höhe von 1500 Fuß*, und Inseln, sowol im Aegäischen, wie auch in andern Meeren aus der Erde emporgehoben, 44 und wiederum Städte und ganze Gegenden, wie bei Neapel die Städte Herkulaneum und Pompeji und die ganze Gegend um Modena**, mit Staub und Asche verschüttet sind.

*) Dieser Berg entstand in dem angeführten Jahre den 14. September in einer Ebene, und ist mit mehren tausenden kleinen rauchenden Hügeln umgeben, und welcher im Jahre 1804, als der Herr von Humboldt und Bonpland in diese Gegend kamen, noch brannte. In seiner Nähe befindet sich der Cotopaxi, dessen Flamme bei seinem Ausbruche im Jahre 1738 über 2000 Fuß hoch empor stieg, und dessen Getöse über 72 deutsche Meilen von ihm entfernt gehört worden ist.

**) Die Städte Herkulaneum und Pompeji und die ganze Gegend umher wurde im Jahre 79 nach Christi Geburt durch den Auswurf des Vesuvs so sehr verschüttet, daß man die Lage dieser Städte nicht anzugeben gewußt hat, indem die Asche aus diesem Berge hin und wieder über 112 Fuß hoch darüber lag.
Die Gegend bei Modena ist ebenfalls durch Ausbrüche von Vulkanen im Jahre 97 vor Christi Geburt zur Zeit des Consulats C. Marcius und Sept. Julius, nach Plinius im II. Buche Kap. 53, verheert und verschüttet worden. Nach Ramazzini's Erzählung findet man hier 14 Fuß tief unter der Erde Ueberbleibsel von einer alten Stadt, Häuser, gepflasterte Straßen u. s. w. Hierauf folgt, wie er hinzu fügt, eine feste Erde und unter dieser eine feuchte Erde, die mit vielen Pflanzentheilen vermischt ist. Und unter dieser befinden sich in einer Tiefe von 26 Fuß ganze Bäume, z. B. Nußbäume mit vielen Aesten, Blättern und Früchten, und hierauf trifft man wieder, 2 Fuß tiefer, eine sehr zarte Kreide, die mit vielen Muschelschalen vermengt ist, an. Nach seiner Angabe soll diese Kalklage 11 Fuß dick sein, worauf sich aufs Neue wieder Aeste, Blätter und ganze Bäume befinden. Auf diese Weise wechseln daselbst, bis zu einer Tiefe von 63 Fuß, Kreideschichten und Lagen von einer feuchten, mit Pflanzentheilen vermengten Erde mit einander ab. Hierauf folgt zuletzt eine Schicht von Sand mit Muschelschalen und Steinen angefüllt.

45 Ob nun gleich die Macht des unterirdischen Feuers sehr groß ist, wie sowol diese Wirkungen, als auch die der Erdbeben, wodurch ganze Länder, und fast ganze Erdtheile erschüttert worden sind*, beweisen, so sind solche doch nur lokal gewesen, und betreffen nur hier und da die Erdrinde, und zwar da, wo ein Stoff dazu vorhanden war, welcher sich mit dem Wasserstoffe verbinden konnte. Da nun in der Mitte der Erde keine Wassermasse, nach der Wirkung der allgemeinen Schwere, bei der Entstehungsart der

Schichten, in dem Innern derselben vorhanden sein kann, so kann auch daselbst ein solches die Erdoberfläche überall zerstörendes Feuer nicht Statt finden. Und 46 wenn je daselbst solches Statt gefunden und seine Wirkungen von da nach außen hin ausgeübt hätte, so würden wir auch Felsenstücke von dem Innern der Erde, und nicht bloß von der Erdrinde auf ihrer Oberfläche umhergeschleudert finden. Hieraus folgt demnach, daß nie ein Feuer in der Mitte der Erde gelodert, und die auf der Erdoberfläche vorhandenen Verwüstungen angerichtet habe, sondern daß solches immer nur unter der Erdrinde hier und dort gewüthet und dieselbe da, wo es den geringsten Widerstand gefunden hat, aufgeworfen habe; daher finden wir bald hier bald dort auf den Ebenen trichterförmige Berge, und auf dem langen Rücken der Bergketten einzelne Spitzen, als Vulkane, lodern, welche die ganze Macht des unterirdischen Feuers darstellen.

*) Das Erdbeben von 1601 den 1. September soll ganz Europa und einen Theil von Asien erschüttert haben, und das von 1755 den 1. November, welches Lissabon zerstörte, hat seine Erschütterungen von Grönland bis nach Afrika ausgebreitet.

Da sich nun aus dieser Wirkungsart dieses Feuers 1) die Entstehungsart ganzer Bergketten von 70 bis 1000 Meilen* Länge, dabei mit einer sehr beträchtlichen 47 Höhe, aber mit einer sehr unbedeutenden Breite, wobei die Alpen nicht ein Mal eine Spur eines unterirdischen Feuers an sich tragen; 2) die senkrechten und schief geneigten Lagen und Stellungen von Felsenmassen, die eine Länge von einer Meile haben; 3) das Hinüberwerfen solcher Massen über einander, und 4) die Spalten und Hohlungen in denselben, welche oft mehre Meilen weit in die Länge fortgehen, auf keine Weise erklären lassen, so nehmen andere Geologen, um den Umsturz so vieler Schichten, und den Grund ihrer schief liegenden und senkrecht stehenden Stellung zu erklären, ungeheuere Höhlen in dem Innern der Erde an, welche einstens mit Wasser ausgefüllt gewesen, und in welche nachher die Schichten hinabgesunken wären, ohne zu bedenken, daß die allgemeine Schwere die Entstehung solcher Höhlen bei der Ausbildung der Erde nicht verstatten konnte, indem sich, nach ihren Gesetzen, alles auf einander, ohne eine Lücke zwischen sich zu lassen, drängen mußte.

*) Die Cordilleras heben bei dem Feuerlande an und breiten sich bis zu dem Berge St. Elios in Nordamerika aus, eine Länge von 1700 geogr. Meilen.

Andere Geologen, um dieser Schwierigkeit auszuweichen, nehmen ein Austrocknen, Verwittern, 48 Auflösen der Schichten durch das Wasser und andere zufällige Ursachen an, wodurch die Schichten gesunken und in solche schiefe und senkrechte Lagen sollen gebracht worden sein. Wenn sich nun aber auch die Lage einzelner Schichten dadurch erklären läßt, so läßt sich dadurch dennoch nicht die Lage derjenigen Schichten, die einen Umfang von *einer* Meile haben, und plötzlich senkrecht hingestellt worden sind — und auch nicht die Entstehungsart der hohen und langen Bergketten erklären.

Was nunmehr die Erscheinung der Seethiere auf den Gipfeln der höchsten Berge, auf welchen Don Ulloa Ammoniten und Pektiniten in einer Höhe von 14,000 Fuß, auf einem Kalkgebirge in Peru, gefunden hat, anbetrifft, so erklären die Geologen diese Erscheinung durch das Nahekommen eines Kometen der Erde, wodurch das Meer zu dieser Höhe hinanzufluthen gezwungen worden sei. Wenn nun aber ein Komet auf derselben solches bewirken soll, so muß er, wenn er von der Dichtigkeit und Größe unseres Mondes ist, von welcher aber nur wenige erschienen sind, und das Meer 15,000 Fuß erheben soll, ihr 49 1016 geogr. Meilen nahe kommen. Ist er aber von der Größe der Vesta, so muß er, wenn er das Meer 8000 Fuß zu sich hinan erheben will, 86 Meilen, und wenn er solches 32,000 Fuß hinanfluthen lassen will, ihr 34 Meilen nahe kommen. Kommt aber ein Weltkörper so nahe unserm Wohnorte, so möchte er wol von ihm gezwungen werden, sich mit ihm zu vereinigen, um seine Erdmasse dadurch zu vergrößern.

Was nun endlich das Auffinden und Aufgraben der großen Landthiere in unseren Gegenden anbetrifft, so muß ich darüber zuvor bemerken, daß Cuvier und andere große Naturforscher durchaus behaupten, daß die Thiere da, wo ihre Ueberreste gefunden werden, auch gehauset haben. Wenn aber diese in unseren Gegenden und in denen, welche mit den unsrigen in einer gleichen Zone liegen, sollen gelebt haben, so muß diese unsere Zone einstens heiß gewesen sein, um der Menge dieser großen Thiere den gehörigen Nahrungsstoff haben verschaffen zu können.

Wie ist aber diese zu einer gemäßigten geworden? 50 Hat sich etwa die Wärme der Erde überhaupt vermindert, wodurch unsere Gegenden kälter geworden sind? Oder hat die Erdachse eine andere Stellung nach der Sonne hin erhalten, wodurch unsere Zone eine gemäßigte geworden ist?

Alle diese Fragen, dergleichen ich noch mehre hinzufügen könnte, wie auch diejenigen, welche gleich im Anfange über die Ausbildungsart der Erde von mir aufgestellt worden sind, lassen sich durch die Aufstürze der Weltmassen auf unsere Erde am besten und befriedigendsten auflösen. Denn durch das Niederstürzen einer solchen Masse, nur von der Größe einer Vesta, mußten die Felsenmassen der Erde da, wo sie hinstürzte, zertrümmert, umhergeworfen und über einander angehäuft werden, wodurch daher diese Massen alle die vorhin angeführten Lagen und Stellungen gegen einander erhalten haben und erhalten mußten, und wodurch sich ebenfalls zwischen ihnen, da sie nicht alle dicht auf einander zu liegen, und dicht bei einander zu stehen kommen konnten, Hohlungen bildeten, welche nachher mit einer andern aufgelöseten Felsenmasse, als die ihrige war, von der 51 Fluth dahin geführt, zum Theil ausgefüllt worden, zum Theil aber leer geblieben sind.

Und da bei der Annäherung einer solchen Weltmasse sich das Meer zu ihr hinan erheben, über die höchsten Berge dahin fluthen, und bei dem Niedersturze derselben wieder weggedrängt werden, und zu den Seiten hinabfluthen mußte, so mußten auch auf den höchsten Felsenspitzen, wo das Meer hingefluthet war, die Bewohner desselben hier und dort haften bleiben, wo man auch solche gefunden hat; und das Meer selbst mußte, so bald es nur etwas Ruhe genoß, seine ihm beigemischten Theile fallen lassen, und dadurch die Ueberzüge von dem Kalkgebirge der zweiten Entstehung bilden, weswegen alle die bloß gestandenen Ecken und Seiten der zertrümmerten Felsenmassen mit dem angeführten Kalksteingebirge überzogen sind.

Wenn aber eine solche Masse, wie nur die Vesta ist, wodurch ein Gebirge, wie das der Andes, welches 1700 Meilen lang ist, wol hätte gebildet werden können, auf die Erdoberfläche gestürzt wäre, so mußte der Schwerpunkt der Erde verändert, und 52 Länder, die heiß waren, wie die unsrigen, in gemäßigte umgeschaffen werden, wobei aber die Richtung der Erdachse gegen den Sonnenkörper unverändert bleiben mußte, weil der Umschwung der Erde um dieselbe, der von Abend nach Morgen in einer Richtung von 23 Grad aus der Ebene ihrer Bahn stets fortgeht, nicht von der Größe ihrer Masse, sondern von dem ersten Anstoße oder Umschwunge, welchen sie bei ihrem Entstehen erhalten hat, abhängt. Daher ist höchst wahrscheinlich die Richtung der Erdachse bei allen den großen Veränderungen unverändert geblieben, nur ist der Nordpol bei denselben nicht über dem Erdpunkte, über welchem er vor jeder solchen großen Veränderung lag, liegen geblieben, sondern hat, bei jedem großen Aufsturze, einen neuen Erdpunkt erhalten.

Was man dieser Hypothese, welche alle jene aufgestellten Fragen befriedigend beantwortet, und den Untergang von Wäldern, Bergen und Städten durch den Einsturz der tiefen Höhlen, auf welchen sie einstens gestanden haben, so schön erklärt, vorzüglich entgegensetzt, ist die abgeplattete Gestalt der Erde 53 an ihren Polen, welche sie bei ihrem Entstehen, da ihre Theile noch weich waren, durch den Umschwung um ihre Achse erhalten hat, und die sie auch jetzt noch hat.

Wenn nun aber die Erde durch den Aufsturz eines solchen Weltkörpers in etwas umgedreht, so daß die damalige heiße Gegend, also die unsrige, nach dem Nordpole derselben hingerückt worden wäre, wie ist es alsdann möglich, daß die Lage der Gestalt der Erde so geblieben ist, wie sie im Anfange war und noch ist? Bedenkt man aber, daß der Umschwung der Erde um ihre Achse die Theile derselben in der Mitte, wo der Aequator liegt, erhoben, und solche von den Seiten, das ist von den Polen her, weswegen sie hier abgeplattet ist, dahin gezogen habe, so wie eine weiche Thonkugel, die auf einen Stock gesteckt und umhergeschleudert wird, sich in der Mitte erhebt und an den Seiten abplattet, so mußte sich auch das Meer, nachdem der Aufsturz der Weltmasse auf die Erde geschehen war, unter dem neuen Aequator erheben, die nicht zu schweren und zu großen Felsenmassen mit sich dahinführen und seine ihm beigemischten 54 Theile hier in größerer Menge, als an den Polen fallen lassen, wodurch sich daher neue und höhere Schichten unter demselben, als an den Polen, gebildet haben, und wobei dasselbe nicht eher in Ruhe kommen konnte, bis das gehörige Gleichgewicht der Theile unter dem Aequator mit dem an den Polen da war.

Ferner, wenn die Erde ihre erste Gestalt behalten hätte, so müßte sie, nach den Gesetzen der allgemeinen Schwere, ein regelmäßiger Körper sein, und die südliche Halbkugel müßte, in Ansehung der Schwere, der nördlichen vollkommen gleichen. Da aber dieß nicht der Fall ist, wie man aus den Pendelversuchen weiß, so muß irgend eine wichtige Ursache da sein, welche sie verändert hat; und diese ist und kann keine andere, als ein Aufsturz einer Weltmasse auf ihre nördliche Hälfte sein, wodurch nur allein eine größere Schwere dieser Halbkugel hervorgebracht werden konnte.

Da nach einer von dem verstorbenen Hofrath *Klügel* mühsam angestellten genauen Berechnung 55 über die wahre Gestalt der Erde, nach den verschiedenen auf ihr geschehenen Gradmessungen, sich dieselbe, nach der jetzigen Lage der Pole, auf keine Weise zu einem regelmäßigen Körper eignen wollte, so nahm er andere Punkte auf ihr zur Lage ihrer Pole an, und fand, daß, wenn man die Gegend unter dem Vorgebirge der guten Hoffnung nach dem Südpole hindrehen oder denselben hierher verlegen, und den Nordpol in das stille Meer, etwa 40 Grad von dem jetzigen Nordpole entfernt, versetzen würde, die Erde alsdann ein vollkommnes Ellipsoid sei. Daher ist höchst wahrscheinlich diese Lage der Erdpole die erste bei der Bildung ihrer ersten Gestalt gewesen, wobei demnach die ganze nördliche gemäßigte Zone und auch unsere Gegenden ihre Lage unter dem heißen Himmelsstriche gehabt haben, wodurch daher diese einstens heiß gewesen sind, und welche Lage sie erst durch den Aufsturz einer Weltmasse auf die Erde verloren haben.

Siehe: Ausdehnungen der Erde; in den astronomischen Sammlungen III. 164-169 und *Malte Brun*'s Abriß der mathematischen und physischen 56 Geographie 1. Abtheilung von v. Zimmermann, mit Erläuterungen herausgegeben, Seite 92.

Auf diese Weise läßt sich demnach, wie ich glaube, nicht allein die jetzige Gestalt der Erde erläutern, sondern auch alle übrigen vorhin angeführten Naturerscheinungen in und auf der Erde sind dadurch gehörig erläutert worden.

Von allen diesen großen Veränderungen, welche die Erdoberfläche erlitten hat, scheint aber das jetzige Menschengeschlecht keine erlebt zu haben, weil wir bei der großen Menge der Ueberreste der Landthiere, die theils unter dem nachgelassenen Schlamme der

Fluthen, theils unter Felsenmassen begraben liegen, keine Ueberreste von Knochen der Menschen und auch keine Versteinerungen von denselben, welche bei dem letzten großen Aufsturze, wodurch die Mammuthsthiere, Rhinozerosse und andere große Thiere, deren Arten zum Theil gar nicht mehr in unserer jetzt lebenden organischen Schöpfung vorgefunden werden, zum Theil in wärmeren Erdtheilen leben, vernichtet worden sind, mit vernichtet worden wären, finden. Denn das Beispiel von dem versteinerten Menschenskelette 57 von Guadeloupe ist, nach der genauen Untersuchung des Herrn Hofrath Blumenbach in Göttingen, ein Produkt, welches von keinem Präadamiten, sondern höchst wahrscheinlich von einem Caraiben herrührt*. Auffallend ist hierbei noch, daß von den vielen Menschen, welche sowol durch die großen Fluthen des Orients, wie auch durch die des Occidents umgekommen sind**, keine Ueberreste gefunden werden, wovon höchst wahrscheinlich die leichtere Auflösung der Kalkerde ihrer Knochen durch das Wasser die Ursache ist.

*) Gilbert's Annalen der Physik Bd. 22. Seite 177.
**) Siehe meine »Allgemeine Darstellung der Oberfläche der Weltkörper und ihres Sonnengebietes«, S. 45.

Auf diese Weise ist demnach unser Wohnort durch Aufstürze von Welten gebildet, wodurch in seinem Innern Höhlen entstanden sind, die sich nach und nach immer mehr mit Wasser angefüllt, dadurch ihren Raum immer mehr vergrößert, die Erdschichten dünner gemacht, und sie zuletzt zum Einstürzen gebracht haben*, wodurch daher manche Gegend 58 von der Erdoberfläche verschwunden, und mit einem dafür hervortretenden See bezeichnet worden ist. Nach 59 diesen Aufstürzen von Welten haben darauf Ueberschwemmungen und Feuerschlünde die letzte Hand der 60 Erde zu ihrer Ausbildung dargereicht, haben einzelne Gegenden verschüttet, sie tiefer hinabgesenkt, hin und wieder Städte von den Ufern des Meeres durch angespülte Erdmassen getrennt, und niedrig gelegene Wälder mit Erdschutte bedeckt.

*) So wurde z. B. im Jahre 1618 den 25. August die Stadt Plurs in der Landschaft Cleven in Graubünden mit 2000 Menschen von einem losgewordenen Bergstücke zu Grunde gerichtet, und ließ einen großen See zu ihrer Bezeichnung nach sich. Im Jahre 1702 den

5. Febr. sank ein Edelhof bei Friedrichshall in Norwegen, Berge genannt, 600 Fuß in die Erde hinab, wobei 14 Menschen und 200 Stück Vieh ihr Leben verloren, und ließ einen Sumpf von 3 bis 400 Ellen lang und halb so breit, nach sich zurück. Die Insel Pontiio bei Negroponte im Aegäischen Meere sank, mit vielen andern in ihrer Nachbarschaft liegenden, im Jahre 1758, ohne Merkmale des geringsten Erdbebens, unter die Fluth des Wassers hinab. Und im Jahre 1763 den 1. Sept. ist ein Stück Land von der Insel Banda Neira 5 Meilen im Umfange, mit Menschen und Vieh in die Tiefe der Erde hinabgesunken. Eben so sind auch Berge hinabgestürzt und haben mit sich Städte und Dörfer verschüttet. So stürzte im Jahre 1714 den 14. Sept. ein Theil des Berges Diableret in Unter-Wallis plötzlich ein, wodurch 55 Bauerhäuser verschüttet, 15 Menschen und mehr als 100 Ochsen und Kühe unter dem Schutt begraben wurden. Die Trümmer dieses Berges haben ungefähr einen Raum von einer französischen Quadratmeile eingenommen, und der durch diesen Sturz verursachte Staub bewirkte bei heiterm Himmel eine solche Dunkelheit, daß man fast gar nichts sehen konnte. Und durch die dadurch umhergeschleuderten Felsenmassen sind Flüsse in ihrem Laufe gehemmt und neue Seen zum Entstehen gebracht worden. In Italien bei Norica spaltete sich ein Theil von einem Berge und versank so tief in die Erde hinab, daß eine Schnur von 294 Faden den Grund nicht erreichte. Und den 24. Junius 1765 sank der Berg Montepiano in Neapolis, der 1/10 Quadratmeile groß war, so tief in die Erde hinein, daß man jetzt kaum die Stelle noch sieht. Und unter den neuern Naturscenen dieser Art ist die letzte, welche sich am 2. Sept. 1806 in der Schweiz ereignete, eine der merkwürdigsten, wo in einem Zeitraum von wenigen Minuten ein Thal, welches zwischen dem Zuger- und Lowerzer-See, von der Nordseite aber von dem 3500 Fuß hohen Roßberge und von der Südseite von dem 4400 Fuß hohen Rigiberge eingeschlossen lag, von gewaltigen, mit mächtigem Krachen verbundenen, losgerissenen Felsenmassen des Rigiberges zerstört wurde, wobei das Dorf Röthen, welches in diesem Thale lag, mit einem Theile des Fußes des Berges in die Tiefe der Erde hinabsank, und die andern drei Dörfer Glogau, Busingen und ein Theil von Lowerz, die sich außer jenem noch hier befanden, verschüttet wurden, wobei 87 Bauergüter ganz und 60 nur zum Theil untergegangen, und 484 Menschen, 170 Stück Ochsen und 103 Stück Ziegen u. s. w. unter den Trümmern jener Felsenmasse begraben

worden sind. Siehe Bergmann's Physikalische Beschreibung der Erdkugel, Delametherie's Theorie der Erde 2. Thl. und Zach's Monatl. Korrespondenz. 15. Bd.

So ist also alles in der großen Gotteswelt einer beständigen Veränderung unterworfen, der Same keimt empor, hebt sich zum Baume hinan, und geht, wenn er seine Bestimmung vollbracht hat, zur Erde über, um durch seine aufgelösten Theile die Natur zu ergänzen und zu verjüngen — und so vergehen auch Welten zur Verjüngung und Verherrlichung der großen Schöpfung!!!

61

Zusatz.

Eine solche grausenvolle Erdrevolution, wie vorhin angeführt ist, hat das jetzige Menschengeschlecht, wenn wir dessen Existenz auf 2 bis 3000 Jahre vor Christus Geburt hinaufsetzen, mit welchem Zeitpunkte unsere gewöhnliche Geschichte anhebt, nicht erlebt; aber ein älteres Volk, das *Zend-* oder *Urvolk* der Erde hat die Folgen von derselben empfunden, wie in ihrem heiligen Buche der *Zend-Avesta* angeführt ist*. Dieß Volk hat über 3000 Jahre 62 auf den Hochebenen von Asien, dem jetzigen Tibet gelebt, und sich nach denselben von da nach verschiedenen 63 Gegenden unseres Wohnortes ausgebreitet, und sich besonders astronomische Kenntnisse zu erwerben 64 gesucht, wie aus den Ueberresten derselben, welche bei den Nachkommen von ihnen gefunden werden, auf das Deutlichste erhellet, wohin z. B. die Länge des Sonnenjahres von 365 Tagen** — die Berechnung der Mond- und Sonnenfinsternisse bei den Brahminen der Indier† — die Aufzeichnung der Konjunktion von 4 Planeten im Jahre 2449 vor Chr. Geburt bei den Chinesen — die Kenntniß der 65 alten Schweden von der Länge des Sonnenjahres von 365¼ Tagen schon vor 2300 v. Chr. &c. gehören. Denn nach der großen Revolution, wodurch der neunmonatliche Sommer in einen neunmonatlichen Winter verwandelt wurde, breitete sich dieß Urvolk nach allen Gegenden der Erde aus. Ein Theil ging nach Osten und stiftete das chinesische Reich, ein anderer nach Westen, von welchem Abraham, der seinen Gott im Feuer verehrte, abstammte, ein Theil nach Südwesten, von welchem die Aegypter ihren Ursprung genommen haben, und ein Theil nach Süden, von welchem die Perser abstammen.

*) Dieses heilige Wort der Parser oder die Zend-Avesta, welche in der Zend- oder Ursprache der Völker der Erde geschrieben ist, bestehet aus 21 Theilen, von welchen der Vendidad noch ganz vorhanden ist, und in welchem die Vorschriften zu allen öffentlichen und Privathandlungen des Gottesdienstes, der Opfer und der häufigen Reinigungen aufgezeichnet stehen. Von den übrigen 20 Theilen sind nur noch Bruchstücke da, welche lauter feierliche Gebete und Hymnen, wie sie täglich vor dem heiligen Feuer aller Wesen der Verehrung verrichtet werden sollen, enthalten. Hierher gehören auch die Jeschts oder die abgerissenen Bruchstücke aus

größern Zendschriften, welche voll von feierlichen Anrufungen sind, und unsern Perikopen, die aus dem neuen Testamente genommen sind, gleichen. Diese Zend-Avesta oder das heilige Wort, das in der Zendsprache geschrieben ist, von welcher die Pohlrische und Parsische Sprache abstammen, und die bis auf den heutigen Tag von den Priestern jener Völker noch erlernt und studirt werden muß, um in solcher die Hymnen und Loblieder auf das höchste Wesen aus jenem Buche absingen zu können, ist von Anquetil du Perron in das Französische und von Kleuker ins Deutsche übersetzt worden.

Als im Jahre 1723 einige Theile dieses Buches nach England kamen, so war kein Gelehrter daselbst zu finden, der nur eine Sylbe oder Ziffer aus denselben hätte enträthseln können. Dieß bewog den feurigen und nach neuen Kenntnissen schmachtenden Jüngling Anquetil du Perron zu dem kühnen mit vielen Gefahren und Schwierigkeiten verbundenen Entschlusse, zu den Ländern hinzueilen, und die Oerter aufzusuchen, wo er die Zend-Avesta oder das heilige, lebendige Wort des Zoroasters aus den Urquellen selbst kennen lernen könnte. In dieser Absicht suchte er seinen Körper auf das äußerste abzuhärten, gab ihm nur Käse, Milch und Wasser zur Nahrung, und schlief des Nachts auf einer Matratze ohne Federbetten. Und da ihm die versprochene Unterstützung zu seiner Reise zu lange ausblieb, so ließ er sich als gemeiner Soldat der Kompagnie in die Liste der Rekruten einschreiben und ging im November 1754 nach dem Orient ab. Noch ehe er sich einschiffte, erhielt er vom Könige eine Pension von 500 Livres; die Kompagnie gab ihm die Reise frei, und als er zu Pondichery ankam, bestimmte ihm diese eine ansehnliche Unterstützung. Mit dem lebhaftesten Enthusiasmus verfolgte er nunmehr seine Absicht, durchreisete zu Fuß und in verschiedenen Richtungen einen großen Theil der Halbinsel, erwarb sich viele wichtige Sprachkenntnisse, und machte zu Surate Bekanntschaft mit zwei indianischen Gesetzgelehrten, nahm Unterricht in beiden heiligen Sprachen Zend und Pohlri, und brachte es theils durch List, theils mit Gewalt dahin, daß er ihnen ihre Geheimnisse und selbst Zoroaster's heilige Bücher ablockte. Mit diesen und vielen andern Handschriften in fast allen Sprachen Indiens kam er 1761 nach Europa, reisete zuerst nach Oxford, um seine Manuscripte mit denen auf der dortigen Universität zu vergleichen, und von da in sein Vaterland, wo er einen Theil seiner literärischen

Schätze der königl. Bibliothek schenkte. Er lebte nunmehr in Paris als französischer Dolmetscher für die orientalischen Sprachen, ward Mitglied der Akademie der Inschriften und in seinen letzten Jahren auch des Nationalinstituts, welches er aber wenige Monate vor seinem Tode, aus Mißvergnügen mit der damaligen Lage der politischen Angelegenheiten, verließ. Er starb im Jahre 1805 in dem 74. Jahre seines Alters.

**) Noah blieb gerade 365 Tage in seiner Arche, um diese Länge des Jahres seinen Nachkommen, wie es scheint, wichtig zu machen, welche er als ein Heiligthum, von seinen Vorfahren erhalten, verehrte.

†) Die Brahminen wissen nicht ein Mal, wie diese Erscheinungen entstehen, glauben dabei die Sonne sei uns näher, als der Mond. Die Formeln zu den Berechnungen sind in Verse eingehüllt, welche sie dabei hersagen und die sie höchst wahrscheinlich nicht erfunden, sondern von ihren Vorfahren erhalten haben. S. mein kleines Werk »Ueber das Urvolk der Erde«.

In diesem heiligen Buche wird nämlich angeführt, »daß ein Naturfeind,« welcher nachher Drachenstern oder Schweifstern genannt wird, »von Süden hergekommen und über die Erde dahin gefahren sei, und daß er dieselbe habe vernichten wollen*. Im Süden verheerte er die Erde gänzlich; alles 66 wurde mit einer Schwärze, wie mit einer Nacht, überzogen. Glutheißes Wasser fiel auf die Bäume herab, welche in dem Augenblicke verdorreten und bis zur Wurzel hin verbrannten. Die Erde selbst wurde verbrannt, und bestand noch kaum. Dennoch aber behielten Sonne und Mond ihren Lauf. Gegen die Planeten kämpfte der Naturfeind furchtbar« (welches wohl nichts weiter heißt, als er machte sie unsichtbar) »und wollte der Welt Zerstörung bringen, und Rauchwolken stiegen aus den Feuern aller Orten empor. Neunzig Tage und neunzig Nächte dauerte dieser Kampf. Hierauf wurde der Naturfeind geschlagen und zurückgeworfen. Blitze kamen nunmehr vom Himmel herab, und Tropfen von ungeheurer Größe fielen auf die Erde, und mannshoch bedeckte das Wasser die ganze Erde.«

*) Bun-Dehesch VII. und *Rhode* über den Anfang unserer Geschichte und die letzte Revolution der Erde. S. 17. 18.

Das *Zend-* oder *Urvolk* lebte zu dieser Zeit in Eeri-ene*, das ist, in dem gelobten, glücklichen Eeri oder Ari, seinem Urlande glücklich, weil es hier immer Sommer war. Plötzlich aber brach (als 67 Wirkung des Naturfeindes) der Winter in die Welt, welcher anfänglich gelinde war und nur 5 Monate dauerte, wodurch der Sommer 7 Monate lang war. Bald darauf aber wuchs er zu 10 Monaten hinan, und nur zwei blieben für den Sommer übrig (wie es jetzt in Tibet und auf dem Hochlande Asiens überhaupt der Fall ist). Nun verließ das den Ackerbau liebende Volk sein hohes gebirgiges Urland, und zog in niedrigere, wärmere Länder hinab. Dieser Zug geschah unter seinem Anführer Dsjemschid, dem Sohne Vwengham's, und ging über Sogdho, Meru, Balkh u. s. w. bis in die Provinz Ver, Per oder Persis, wo er die Burg Ver, d. h. Persepolis, erbauete, und da, wo dieses Volk hinkam, fand es weder Thiere des Hauses, noch des Feldes, weder Menschen, noch Hunde, noch Geflügel.

*) Die Sylbe *ene* bedeutet *glücklich.*

Dieß sind demnach die Sagen oder Erzählungen auch der Zend-Avesta, dem heiligen Buche der Hindu und Parser, welche deutlich lehren, daß eine klimatische Veränderung mit der nördlichgemäßigten Zone vorgegangen sei – daß ein Schweifstern oder Komet diese große Veränderung hervorgebracht, und 68 daß ein Volk der Erde diese große Revolution erlebt habe.

In diesem Urlande, welches Eeri-ene-veedjo, das eigentliche reine Eeri oder Ari, genannt wird, stand unter *Vwengham*, dem Vater *Dsjems* (Dsjemschids), der Prophet *Heomo* (Hom) auf, und verkündigte das Lichtgesetz *Ormuzd* mit folgenden Worten:

»Durch Izeds* des Himmels habe ich
Gerechter Richter *Ormuzd,*
Im reingeschaffenen, berühmten Eeri
Lebendige Wesen versammelt.«
»Im reingeschaffenen, berühmten Eeri
Hat König Dsjemschid,
Haupt der Völker und Heerden,
Lebendige Wesen versammelt.«
»Mit himmlischen Izeds bin ich
Gerechter Richter *Ormuzd*

Im reinen, berühmten Eeri gewesen
Unter *begleitender Versammlung lebendiger Wesen*.«

69
»Mit himmlischen Menschen
Ist König Dsjemschid
Im reinen, berühmten Eeri gewesen,
In *Begleitung versammleter Wesen***. «
*) Geister, Engel der Alten.
**) Zend-Avesta von Kleuker Bd. I. S. 114.

Durch Ormuzd Lichtgesetz demnach und durch feierliche Gebete bewogen, vereinigten sich die einzelnen Stämme des Urvolks zu einem Volke unter dem Könige Dsjemschid, und verließen unter seiner Anführung, auf Ormuzd Befehl, das rauhe Urland, und zogen gegen Mittag hin, um sich bessere Wohnsitze zu suchen. Dieser Zug wird im folgenden Liede also beschrieben:

»Dsjemschid herrschte! Was seine erhabene Zunge befahl, geschah eiligst. Ihm und seinem Volke gab ich Speise und Verstand und langes Leben, ich der ich Ormuzd bin. Seine Hand nahm von mir einen Dolch, dessen Schärfe Gold, und dessen Griffel Gold war. Darauf bezog der König Dsjemschid dreihundert Theile der Erde; diese werden mit zahmen und wildem Vieh, mit Menschen, Hunden 70 und Geflügel, und rothglänzenden Feuern erfüllt. Vor ihm sahe man in diesen Lustgegenden weder zahme noch wilde Thiere, noch Menschen, noch rothflammende Feuer. Der eine Dsjemschid, Sohn Vwenghams, ließ alles daselbst werden.«

Diesem Liede folgen hierauf noch fünf andere Lieder von eben demselben Inhalte, weswegen ich solche hier weggelassen habe.

Die Gründe, aus welchen das Urvolk sein Urland verließ und andere Länder besuchte, sind eben so, wie ich sie vorhin angeführt habe, im ersten und vierten Bruchstücke genau angegeben worden. Und eben so findet sich im Bun-Dehesch, einem Buche, welches in der Pohlvischen Sprache geschrieben ist, und eine Sammlung* von verschiedenen Aufsätzen über die Schöpfung, den Kampf zwischen Ormuzd und Ahrimann, dem bösen Wesen, über die reinen 71 und unreinen Thiere, über die Bewegung der Sonne und das dadurch bewirkte Jahr u. s. w., Uebersetzungen und Auszüge aus den Zendschriften, und jene oben angeführte furchtbare Beschreibung von der schrecklichen Zerstörung der Erde durch den Drachenstern enthält.

*) Diese Sammlung scheint zu der Zeit entstanden zu sein, als die Zendschriften anfingen unverständlich zu werden, weswegen man kurze Auszüge aus jenen starken Büchern machte, und solche für das Volk in die Landessprache (die Pohlvische) übersetzte.

Was nunmehr die Aechtheit, wie auch das hohe Alter jener Erzählungen anbetrifft, so ist beides von Herrn Rhode in Breslau in dem kleinen Werke: »Ueber das Alter und den Werth einiger morgenländischen Urkunden, in Beziehung auf Religion, Geschichte und Alterthumskunde, Breslau 1817,« gründlich bewiesen und gehörig dargethan worden, indem er 1) gezeigt hat, daß die gegenwärtigen Zendschriften dieselben, oder doch Bruchstücke von denselben heiligen Schriften sind, welche die alten Parser vor der Zerstörung ihres Reiches durch Alexander besaßen. 2) Hat er solches aus dem Inhalte selbst hergeleitet, indem in demselben nichts vorkommt, was auf spätere Zeiten hindeutet, sondern vielmehr ein Religionssystem enthält, in welchem die Keime aller später in Asien aufgeblüheten Religionen enthalten sind.

72 Da demnach die Aechtheit und das hohe Alter jener Zendschriften dadurch bewiesen worden ist, so können wir auch jenen Erzählungen über die große Veränderung der Erde, durch den Naturfeind veranlaßt, ihre Glaubwürdigkeit nicht absprechen, welche sie außerdem noch, wegen ihrer Eigenthümlichkeit, an sich tragen; denn

1) Ihre Auswanderungsart geschah, nach der Denkungsart der alten Völker, auf den Befehl Gottes, weicht aber darin von der der spätern Völker ab, daß sie nicht von einem Andrange eines andern Volks, oder aus Lüsternheit nach fremden Ländern, oder aus Raubsucht, sondern nur von der klimatischen Veränderung ihres Landes, dem eingetretenen, 10 Monate lang dauernden Winter veranlaßt worden ist.

Dieß war die Ursache, weshalb jenes Volk sein Hochland verließ, nach Süden hinab zu den angeführten Ländern zog, und da, wo es hinkam, fand es weder Menschen, noch zahmes Vieh.

2) Stimmt dieser Zug mit der geographischen Lage der Oerter vollkommen überein. Denn er ging 73 von dem Hochlande, an beiden Seiten des Flusses Gihin oder Oxus, in den engen Pässen desselben, hinab. Hier wurde zuerst am rechten Ufer das Stufenland Sogdho, und am linken Moore oder Meru besetzt. Von hier ging der Zug nach Balkh oder Baktra, wo die Zend-Avesta scheint aufgeschrieben worden zu sein. Und so kam er nach manchem Hin- und Herstreifen nach Ver, Per oder Persis. Und wenn sich nun auch ein Theil dieses Zuges nach Indus oder Armenien wandte, so blieb doch von jetzt an Persis der Hauptsitz dieses Volkes, wo Dsjemschid, wie schon oben angeführt ist, die Burg Persepolis erbauete, deren Trümmer noch jetzt auf einer Anhöhe zwischen den in Persis entspringenden Flüssen Medus und Araxes liegen.

Jetzt bleibt mir nur noch übrig zu beweisen, daß *Eeri-ene* oder das gelobte glückliche *Eeri* oder *Ari* kein anderes Land, als das jetzige Tibet sei. Der Beweis dafür liegt aber ganz deutlich in der Anführung des Berges *Albordy*, woran die ganze Mythologie dieses Volks geknüpft ist, und den die Ausleger der *Zend-Avesta* vergebens am Kaukasus 74 gesucht haben. Denn fast auf allen Seiten der Zendschriften wird angeführt, daß der *Albordy* in *Eeri-ene* liege. Und in einer alten Zendschrift dieses Urvolkes heißt es mit dürren Worten also:

»Von den Gewässern *Albordy*,'s wo *Ormuzd*, der Gott dieses Volks und *Mithra*, der Lucifer, wohnen, kommt ein Strom herab, der nur mit Schiffen zu befahren ist, und Samen, Fruchtbarkeit in die Oerter von *Meru* und *Sogdho*, welche sich danach sehnen, bringt.«*

*) Zend-Avesta Bd. 2. S. 222.

Nach der geographischen Lage dieser beiden Oerter kann dieser Strom auch kein anderer, als der Oxus sein, weil nur dieser zwischen beiden Oertern hinabfließt und schiffbar ist, und unter der Schneedecke des Albordy entspringt.

Da nun diese Angaben in der *Zend-Avesta* die Lage des Urlandes so deutlich bezeichnen, und welche dazu noch durch die Sagen der Hindu und Chinesen unterstützt werden, so kann man wol an der Richtigkeit der angeführten Lage dieses Landes 75 keinen Augenblick zweifeln. Außerdem ist in ganz Asien kein Land dazu geeignet, ein Volk vor einer solchen mächtigen Revolution, wie die oben angeführte war, wodurch höchst wahrscheinlich die ganze Oberfläche der Erde mit Meeresfluthen bedeckt und die ganze lebende Schöpfung vernichtet worden ist, zu schützen, als diese Hochebene von Tibet, indem solche über 8000 Fuß über der Meeresfläche erhaben liegt*, und dabei Berge hat, welche weit die Höhe eines Chimborasso's in Amerika, der 20,148 Pariser Fuß hoch ist, übertreffen. Denn der weiße Berg oder *Tschumulari* dieses Landes hat, nach der trigonometrischen Messung des Lord *Teigmouth*, welche vor einigen Jahren geschehen ist, eine Höhe von 27,552 englische Fuß;** ein anderer Gipfel dieses Gebirges, auf welchem jenes hervorragt, ist, nach der Messung des Majors *Crawford*, 25,000 englische Fuß hoch, — und so sind noch zwei andere Gipfel des Gebirges dieses Landes da, welche mit einer Höhe von 23-24000 Fuß emporragen, wobei es nur zu bedauern ist, daß man die Höhe des *Albordy* nicht gemessen hat.

*) Ritter's Erdkunde 1. Th. S. 566.
**) Diese machen 26,000 Pariser Fuß aus.

Diese hohen Gebirge sind demnach höchst wahrscheinlich das Asyl dieses Volkes gewesen, auf welchen es sich gegen die mächtigen Meeresfluthen geschützt hat. Indessen werden diese dasselbe nicht dagegen geschützt haben, wenn der Schweifstern, welcher von Süden herkam, sich hier mit der Erde vereinigt hätte, weil alsdann die Wasserfluthen über die höchsten Spitzen dieser Gebirge würden dahingeströmt sein.

Aus der vorhin angeführten Angabe aus der *Zend-Avesta* über die Höhe des Wassers, welches auf die Erde fiel, und das Land hier, auf dieser Hochebene, die 8000 Fuß hoch ist, mannshoch bedeckte, folgt, daß solches über 8000 Fuß hoch, vom Meere an gerechnet, die Länder hin und wieder muß bedeckt haben, und daß daher der Schweifstern sehr nahe der Erde muß gekommen sein, weil er sonst solches nicht hätte bewirken können. Und da durch ihn die klimatische Verfassung dieses Landes und auch die der ganzen nördlichen gemäßigten Zone verändert worden ist, so muß er sich auch irgendwo mit der Erde, und zwar auf ihrer nördlichen Hälfte, vereinigt haben. Auffallend ist hierbei, daß durch die vielen Landspitzen und Vorgebirge an der südlichen Seite von Asien und Afrika, und durch die Bildung der Gestalt dieses Erdtheils, wie auch durch die von Amerika, ein solcher Fluthenzug, der einstens von Süden nach Norden hingegangen und dem Laufe des Kometen gefolgt ist, bestätiget wird. Daher haben schon längst die Geologen einen solchen Zug in der angegebenen Richtung aus der eben angeführten Gestalt und Bildung jener Erdtheile angenommen, und dabei die Behauptung aufgestellt, daß durch diesen die großen Landthiere aus Süden nach Norden, in unsere gemäßigte Zone, wo sie begraben liegen, geführt worden wären, wie ich schon oben angeführt und mit Gründen hinlänglich, wie ich glaube, widerlegt habe. Auf diese Weise stimmen demnach die Naturerscheinungen mit den Sagen und Erzählungen der heiligen Bücher der Hindu und 78 Parser überein, und bestätigen dadurch die in denselben angeführte große Revolution der Erde und zugleich das Dasein eines Urvolkes oder eines Volkes vor derselben, welches diese große Veränderung erlebt hat.

Wie lange nun aber dieses Urvolk auf der Erde gelebt und wie weit es sich auf derselben ausgebreitet habe, darüber können wir zwar nichts Bestimmtes, aber doch Vermuthungen aufstellen, welche einen nicht geringen Grad von Wahrscheinlichkeit für sich haben. Was das Alter dieses Volkes anbetrifft, so erhellet aus den Religionsbegriffen desselben, welche die Zendschriften enthalten, daß die Verfasser derselben in dem dritten Jahrtausend nach der Erschaffung des Menschengeschlechts zu leben glaubten. Hiermit stimmen auch die Chronologien der neuen Perser überein, ob sie gleich unter sich und in Ansehung der Geschichte von den Zendbüchern sehr abweichen, welche jenen Zeitraum von der Schöpfung der Menschen bis auf *Zoroaster*, dem Verfasser der *Zendbücher*, der unter dem Könige von Iran, 79*Veschtasp*, lebte*, selten über 3000 Jahre setzen. Und dieser Zeitraum für das Zendvolk ist 80 nicht zu lang, wenn wir auf die Ueberreste von Kenntnissen, besonders in der Sternkunde, welche die ältesten Völker unserer gewöhnlichen geschichtlichen Nachrichten gehabt und als Heiligthümer verehrt, und die sie, wie ich gleich im Anfange angeführt habe, nur von dem Urvolke können erhalten haben, hinblicken.

*) Wie lange *Dsjemschid* und seine Nachkommen in der Burg von Ver oder Per (Persis) geherrscht haben, ist aus den Zendschriften nicht zu ersehen. Indeß werden in denselben *Athvian* und sein Sohn *Feridun* genannt. Dieser hatte mehre Kinder, welche unter sich un-

eins wurden, und das große Reich in zwei Reiche, in *Tur* und *Ari* (*Iran*) theilten, welche durch den Fluß *Oxus* von einander getrennt wurden. In *Iran* war *Veschtasp* der fünfte König, welcher nach neuern Persischen Schriftstellern seine Residenz nach *Balkh* oder *Baktra* verlegte, um näher den Grenzen von Tur zu sein. Dieß baktrische Reich wurde zuletzt von den Assyrern unterjocht, von welchem Zeitpunkte an unsere gewöhnlichen geschichtlichen Nachrichten erst anheben. Da in den Zendbüchern keine Erwähnung von dieser Unterjochung geschieht, auch nicht die geringste Anspielung auf die großen Städte Ninive oder Babel in denselben gemacht wird, und die Namen der beiden Völker, Meder und Perser, obgleich die Nachbarn in Tur und Indien häufig in denselben vorkommen, nicht erwähnt werden, so folgt daraus doch wol, *daß die Verfasser der Zendschriften in dem alten Baktrischen Reiche müssen gelebt haben, und die Geschichte ihres Volks von der Zeit erzählen, ehe solches von den Assyrern unterjocht worden ist.* Mehres hierüber in *Rhode*'s: »Ueber das Alter und den Werth der morgenländischen Urkunde, S. 36 u. s. w.«

Und wenn dies Urvolk in dem Besitze solcher Kenntnisse war, wie die des Thierkreises voraussetzen, und denselben erfunden hat, wie solches höchst wahrscheinlich ist, weil es ihn von keinem andern Volke hat erhalten können, und dabei die Länge des Sonnenjahres kannte, wie aus der *Zend-Avesta* erhellet, auch Sonnen- und Mondfinsternisse berechnen konnte, wie die Berechnungen der Braminen beweisen, die solche nur von ihm können erhalten haben; so muß es eine geraumvolle Zeit auf der Erde gelebt haben, um durch mühsame Beobachtungen des 81 Himmels, und durch angestrengtes Nachdenken über den Lauf der Welten an demselben nach und nach dahin gekommen zu sein.

Wie weit sich aber dieß Volk vor der letzten großen Revolution auf der Erde ausgebreitet habe, darüber findet man in der *Zend-Avesta* keine Belehrung.

Ehe ich aber die Resultate der Religionsbegriffe der Parser und Hindu, welche aus dem Urvolke ausgegangen sind, anführen kann, muß ich zuvor von den Schriften beider Völker Folgendes bemerken: Was zuerst die Zendschriften der Parser anbetrifft, so sind diese zwar voll von historischen Begebenheiten, aber sie enthalten durchaus keine Anspielung auf die großen Begebenheiten bei und nach der Assyrischen Unterjochung, sondern stellen das Zendvolk als selbstständig und eins unter einem eingebornen König lebend dar. Hieraus folgt demnach, daß die Abfassung sämmtlicher Zendschriften vor den Zeitpunkt der Eroberung des Staats durch die Assyrer gesetzt werden muß. Denn durch die Assyrische 82 Unterjochung hörte die Existenz jenes Staats und jenes Volkes auf, und wurde in drei Satrapien, Baktra, Medien und Persis getheilt. In Medien bildete sich durch die Einmischung der assyrischen Sprache das Pehlvi oder die Pehlvische Sprache, und in Persis durch Einmischung indischer Dialekte, das Parsi. Nach Abschüttelung des Assyrischen Joches wurde unter den Meder-Königen das Pehlvi *Haupt-* und *Hofsprache*, und nach Cyrus trat das Parsi an die Stelle.

In dieser Hinsicht, wie wir sehen, sind die Zendschriften schon sehr wichtig für die frühere Geschichte, aber ihr Werth vergrößert sich noch durch die Darstellung des Religionswesens in dem frühesten Alterthume.

Das Zendvolk, dessen Schriften wir eben erwähnt haben, ist mit den alten Hindu, sowol wegen des ursprünglichen Vaterlandes, als auch durch seine Sprache, wie *Anquetil du Perron* bewiesen hat, nahe verwandt; daher müssen auch die Religionen beider Völker, wenn sie auch als Sekten von einander abweichen, viel Gemeinsames mit einander 83 haben. Die Quellen, woraus wir das Religionssystem der Hindu schöpfen, sind die Veda's*, welche von den Braminen eben so heilig gehalten werden, wie die Perser ihre Zendschriften halten. Außerdem gleichen sie denselben sowol in Ansehung der Form, weil sie aus Gebeten, Hymnen und Gesprächen zwischen einem *Seher* und der Gottheit, wie in der *Zend-Avesta*, bestehen, wie auch in Ansehung der Gegenstände der Verehrung, indem die Hymnen und Gebete, wie in der *Zend-Avesta*, an die Sonne, den Mond, das Feuer, Wasser u. s. w. gerichtet sind. Und selbst der Ton, in welchem die Gebete u. s. w. abgefaßt sind, hat in beiden Schriften die überraschendste Aehnlichkeit. Außer diesen Veda's haben die Hindu noch das Gesetzbuch des *Menu's*, welches aber, wie Herr *Rhode* gründlich gezeigt hat, nicht so alt ist, wie die Veda's sind; und endlich besitzen sie noch die Fragmente aus dem *Shastak* des Brahma, welche 84*Holwell* bekannt gemacht hat**, und die von *Kleuker* und *Rhode* für ächt gehalten und zu den ältesten indischen Schriften gezählt werden.

*) Die besten Nachrichten über die Veda's verdanken wir Colebrooke.
**) Holwell's merkwürdige Nachrichten von Hindostan &c. übersetzt von Kleuker, 1ster Bd.

Aus allen diesen Quellen lassen sich demnach die Hauptsätze der ganzen Religion beider Völker ziemlich vollständig herleiten, wie solches von Herrn *Rhode* in den nachstehenden Sätzen geschehen ist, und woraus man deutlich ersiehet, daß diese Sätze die Grundpfeiler aller geoffenbarten Religionen sind:

1) Es ist ein ewiges, höchstes, nothwendiges, heiliges, allmächtiges Wesen, Brahma, oder *Zervane Akerene*, d. i. der Ewige, Anbeginnlose genannt, von dem alles, was da ist, seinen Ursprung, in dem alles seinen letzten Grund hat.

2) Das unendliche Wesen brachte im Anbeginn mehre große göttliche Wesen hervor, denen es so viel von seiner Größe, seinen Eigenschaften, seiner Macht und Herrlichkeit mittheilte, als möglich war.

3) Eins oder mehrere der erstgeschaffenen Wesen 85 fielen durch Mißbrauch ihrer Freiheit von ihrem Schöpfer ab, wurden böse, und Urquell alles Bösen in der Welt.

4) Das unendliche Wesen beschloß nun, die sichtbare materielle Welt durch seine ersten Machthaber schaffen zu lassen, und sie wurde geschaffen.

5) Der Zweck der Schöpfung der Körperwelt ist kein anderer, als durch sie die von ihrem Schöpfer abgefallenen Wesen wieder zurückzuführen, sie wieder gut, und dadurch alles Böse auf ewig verschwinden zu machen.

6) Der Ewige hat zur Dauer der Körperwelt einen Zeitraum von zwölftausend Jahren bestimmt, welcher in vier Zeitalter abgetheilt ist. In dem ersten Zeitalter herrscht das gute (erhaltende) Princip allein, im zweiten wird das böse (zerstörende) Princip schon wirksam, doch untergeordnet; im dritten herrschen beide gemeinschaftlich; im vierten hat das Böse (zerstörende) die Oberhand, und führt das Ende der Welt herbei.

7) Die Regierung der Welt hängt zwar im Allgemeinen von dem unendlichen Wesen ab, das alles 86 nach seinem Rathschlusse und in seiner Weisheit bestimmt; die besondere Verwaltung ist aber zunächst dem ersten großen Wesen und von diesem wieder einer Menge vermittelnder Wesen, Erzengeln, Engeln und Schutzgeistern übertragen, die einander zu- und untergeordnet sind, und in denen sich oft Naturwesen und Naturkräfte nicht verkennen lassen.

8) Die Seelen der Menschen sind vom Anfange der Schöpfung an, als geistige, selbstständige, freihandelnde Wesen vorhanden. Sie müssen sich blos auf der Erde mit einem Körper vereinigen, um eine Prüfungswanderung, im Kampfe gegen das Böse, zu machen. Nach dem Tode, wo sie ewig fortleben, werden die Guten in den Wohnsitzen der seligen Geister, dem Himmel, belohnt; die Bösen hingegen in den Wohnungen der Teufel, der Hölle, gestraft.

9) Was den Menschen ihren Kampf auf der Erde erschwert, sind die Devs, Teufel oder bösen Geister, welche sie Tag und Nacht umlauern, um sie zum Bösen zu verführen. Aber der Schöpfer hat sich des schwachen Menschen erbarmt, und ihm seinen Willen in einer, von erleuchteten Propheten 87 schriftlich verfaßten Offenbarung kund gethan. Befolgt der Mensch diesen Willen seines Schöpfers, so gewinnt er dadurch Kraft, nicht allein den Verführungen der Teufel zu widerstehen, sondern sich auch schon durch Heiligkeit in diesem Leben zu einer innigen Vereinigung mit der Gottheit zu erheben.

10) Im letzten Zeitraume, gegen das Ende der Welt, wo das böse Princip die Oberhand hat, und das Gute ganz von der Erde zu verschwinden scheint, wird Gott den Menschen einen Erlöser senden, der dem Bösen wehrt, Religion, Tugend und Gerechtigkeit wieder herrschend macht, und das Reich der bösen Geister zerstört, indem er das Reich Gottes verherrlicht.

11) Sind nun die zur Weltdauer bestimmten zwölftausend Jahre verflossen, so wird die Erde durch Feuer vernichtet werden, aber eine neuere schöne Erde tritt an ihre Stelle*. Aus diesen Religionssätzen, 88 wovon sich Spuren in den Religionen aller asiatischen Völker und auch bei denen, welche in andern Erdtheilen wohnen, vorfinden, wie auch aus der Kenntniß des Thierkreises, der von dem Urvolke erfunden und von da überall ausgegangen ist, weswegen wir ihn fast bei allen Völkern der Erde vorfinden, und wo er

in Ansehung der Folge der Zeichen ganz unverändert geblieben ist, folgt doch wol, daß alle Völker der Erde von dem Urvolke müssen ausgegangen sein, und diese Kenntnisse zugleich mitgenommen haben.

*) Diese Sätze, wenn auch nicht alle, wurden in den Schulen der alten Philosophen als Geheimnisse gelehrt und dem Volke vorenthalten, wie solches auch von den Essenern geschah, wovon sich ein Theil mit dem Philosophiren über diese Sätze, ein anderer aber mit der darin liegenden Sittenlehre beschäftigte. S. Richter's Christenthum und die ältesten Religionen des Orients, 1819.

Dieses Ausgehen der Völker von dem Urstamme oder Urvolke wird auch deutlich und bestimmt im Bun-Dehesch (XV) angeführt, wo es heißt, daß alle Völker Asiens aus dem Urstamme hervorgingen. Die Anzahl der Urstämme wird daselbst auf funfzehn gesetzt. Von diesen funfzehn Stämmen wanderten *neun* über das indische Meer, und *sechs* blieben in 89 Asien zurück. Unter diesen betrachteten sich die *Arier** als das Hauptvolk oder fortdauernde Urvolk. Der Stamm *Mazendr* bevölkerte den obern Theil von Tur, d. i. die Gegend um die Quellen des Oxus und Indus, und Awir oder Ophir, welches nach Moses das eigentliche Indien ist. Ferner bevölkerte der Stamm *Tschines, Dai* und *Satat*, wovon der erste Stamm mit Kathai einerlei ist, und Chinas bedeutet.

*) Von diesen stammen, nach Herodot, die Meder ab.

Von den neun Stämmen, welche über das Meer gingen, gingen einige, wo nicht alle, nach Afrika über, indem kein anderes Meer, als der persische und arabische Meerbusen zum leichten Uebergange da ist. Zu diesen Stämmen gehörten höchst wahrscheinlich die Aegyptier, wie die Verwandtschaft ihrer Sprache und ihrer Religion mit der des Urvolks hinlänglich beweiset. Dieser ägyptische Stamm bestand aus mehreren Stämmen, wovon der eine schwärzlich von Farbe, und dadurch dem heißen Klima sich schon angebildet hatte, der andere aber 90 von einer hellern Farbe war. Diese Wanderung muß aber schon sehr früh geschehen sein, indem dieses Volk in Theben schon eine bewunderungswürdige Stufe von Kultur erlangt und schon ein Weltreich gestiftet hatte, ehe es uns einmal bekannt geworden ist, und wie es unserer gewöhnlichen Geschichte bekannt wurde, schon wieder von seiner Höhe herabgesunken war.

Aus den Schriften der Parser und Hindu läßt sich zwar die Bevölkerung Amerika's, weil dieser Erdtheil erst in neuern Zeiten bevölkert worden ist, nicht herleiten, aber wir finden in dem neusten Gemälde von *Malte Bruns* den Ursprung der Amerikaner von Asien her, über eine Reihe von Inseln mit Eisschollen angefüllt, von einer bösen Nation daselbst vertrieben, nach ihrer Sage, sehr gut dargestellt.

Auf diese Weise stammen demnach alle jetzt lebenden Völker von dem einstigen Urvolke in Asien her, und wir können daher, nach der Vernunft und Geschichte, keine gehörigen Gründe für das Entstehen der Menschen von mehren Menschenpaaren, hier und dort in den verschiedenen Erdtheilen, aufstellen.

www.ingramcontent.com/pod-product-compliance
Lightning Source LLC
Chambersburg PA
CBHW030511220526
45464CB00006B/2749